U0137967

跟着海妈学种花

海妈 著

中国林业出版社
China Forestry Publishing House

海妈/

一个疯狂的植物爱好者，《海蒂的花园》《跟着海妈学种花》作者，海蒂和噜噜的花园总设计师。

从 2008 年开始，全身心投入自己的爱好中，创立海蒂的花园。为数以百计的家庭设计并打造花园，带队栽种上千万株植物。在家庭园艺领域耕耘 14 年，一直坚持内容创作，获得线上 700 万花友的肯定。近年来持续访问多个国内外花园，将园主的造园心路历程、种花经验分享给更多人。

园艺是我们生命的一部分

——海妈

图书在版编目(CIP)数据

跟着海妈学种花 / 海妈著. —— 北京：中国林业出版社,
2023.1（2024.3重印）

ISBN 978-7-5219-1923-3

Ⅰ.①跟… Ⅱ.①海… Ⅲ.①花卉－观赏园艺
Ⅳ.①S68

中国版本图书馆CIP数据核字(2022)第192602号

G 花园时光 TIME
GARDEN

出 版 人	成 吉
总 策 划	王佳会
图书策划	花园时光工作室
策划编辑	印 芳
责任编辑	印 芳　赵泽宇
营销编辑	王思明　蔡波妮　刘冠群
装帧设计	高红川
出版发行	中国林业出版社有限公司
服务热线	010-83143565
官方微博	花园时光 gardentime
官方微信	中国林业出版社
印　　刷	北京雅昌艺术印刷有限公司
版　　次	2023 年 1 月第 1 版
印　　次	2024 年 3 月第 2 次印刷
开　　本	710mm×1000mm　1/16
印　　张	20
字　　数	320 千字
定　　价	138.00 元

跟着海妈学种花
免费视频

中国林业出版社
旗舰店

看得懂　学得会　做得来

现在是 2022 年的 8 月 27 日早上 6 点，我开始写《跟着海妈学种花》这一本书。其实之前很长一段时间就想写一些关于园艺干货知识的书，或者分享一些课程，但一直觉得呢，自己不是专业出身，经验也很有限，好像没有什么资格做这件事。

我最近在昆明待了 40 天，回到成都时，第一件事就是巡查我的花园与基地。你们知道的，我们有"海蒂和噜噜的花园"，有很大的基地，种植了非常多的植物。

大概是从 14 年前，也就是 2008 年我开始踏进园艺的门槛。14 年如一日地栽种，带团队栽种，栽过很多很多的植物，也造了很多的花园，经历过各种各样的失败，包括遇到极端气候：炎热的夏天、霜冻的冬天、干旱、洪涝……当然，更多的还是收获成功。到现在，我带领团队栽种的植物至少 1000 万株。我想把我的经历分享出来，希望能帮到花友们。

促使我下定决心今天早上 5 点就起床，然后开始着手写作的根本原因在于，我栽种植物 14 年，即使拥有了大量的经验，我离开 40 天后回来，看到花园里的大花绣球，几乎全部死了。如果还没有死的，也是在苟延残喘——剩下底部一丁点儿的芽点，生长了七八年的冠幅全面消失，意味着明年少有或者没有花量。我的同事说，这是因为极端的气候，今年成都高温 40℃以上连续几十天。然而不是这样的，实际上，是因为浇水不当导致的，虽然干旱高温，但是成都并没有到缺水不浇花的地步。

所以，我下定决心来把关于园艺的这些实践经验说出来、讲清楚，避免更多的人从一开始栽种就导致各种各样的、技术性的失败。当然，我这一本书写来也想给公司的同事、给我们的园艺从业者、给苗圃基地的种植者、学习相关专业的学生，以及园艺爱好者看一看、读一读。

因为这里面涵盖的内容比较多，印芳编辑告诉我说，海妈，你尽管写，把你知道的、了解的、想分享的，都写出来，内容可以很多，书可以很厚，只要你把想说的说清楚就好。

这本书呢，首先分享的是园艺的基础内容，包括认识环境，植物成活的条件，以及温、光、水、肥、病虫害等。其次，我认为的园艺的核心，或者说是园艺的本质——植物栽种，所以我把所有我认知的适宜家庭园艺的植物全面分类，介绍它们的特点和栽种方法。最后呢，我会讲一讲植物的应用，即如何用植物配置来实现花园的生态平衡。

我非园艺专业出身，但是我接触了广泛的、大量的植物，有大量栽种植物失败和成功的经历。当然，书中分享的基础知识和经验，仅限于我在成都以及我去各地花友家拜访，我去栽种者那里学习，获得的相关知识，并不一定适用于中国广袤的、所有地域，但很多原则是相通的。我的初衷是把这本书做成一生只写一次，一次写清楚，让大家看得懂、学得会、做得来，对，看得懂、学得会、跟着可以做得来的一本工具书。

书里肯定有很多不恰当的、疏漏的甚至用词不当的地方，以及不是那么专业和科学的一些方式和方法，希望大家在看完之后，给我一些指正，以便于随时修订。

感谢花友嘉和、黄桃、熊潼潼、时间、夏韵、小百合、小蚂蚁的技术支持；感谢中国林业出版社编辑印芳，为出版这本书所作出的努力；感谢海蒂的花园文编组章平、柚子、阿虹、廖然、多鱼、黄鑫对文稿和图片的编辑和整理；感谢设计师苹果的插图绘画；感谢摄影师钟婷婷、杨旭、思迪、阳阳、姚姚等拍摄的精美照片，以及其他小伙伴积极提供图片；感谢公司小伙伴健华、祥友等对本书提供的帮助；感谢海蒂爸爸、海蒂外婆、海蒂外公的鼓励和支持；还有未列及到的花友、公司同仁、合作方等，在此一并感谢！

接下来我会讲到什么是园艺，我心目中的园艺是什么，我为什么写这本书。我今年44岁，种花14年，每天都在做着同样的事情，历经成功和失败。我要把我失败的经历提炼成经验，把成功的也提炼成经验，与大家来分享，避免大家像我一样花十几年的光阴去总结，去一点一滴地历经失败和眼泪才能得到经验。

海妈

2022 年 8 月 27 日

月季'完美香气'

目录

海外婆收大滨菊种子

园艺的本质

首先给大家讲讲我的故事吧。

我出生在四川资阳的一个小山沟。这个山沟用我妈妈的话来形容就是山高沟狭，田很有限，地也很有限。一家五口约莫有五亩田地——两亩田，三亩地，就是这样子。所谓地就是不能种稻谷的，处于半山腰或者山顶上，一小块一小块的。最小块的不足$50m^2$，大的呢不过半亩，也就是约$300m^2$。

冬天有三个月的时间，我从小，大约从一岁开始到十岁左右的光阴，冬天几乎都是吃我们当地的土产——红苕，有的地方叫红薯、番薯、地瓜。红苕汤、烤红苕……人吃的红苕品种是红色的芯，猪吃的红苕品种是白色的芯，人吃的红苕要甜一点，猪吃的红苕味道淡一点。所以我们一锅猪食是红苕，一锅人吃的也是红苕。夏天就吃大量的南瓜。

为什么说到我的童年呢？其实家庭园艺的开始，实际是我们吃饱穿暖之后，精神需要的开始。

一直到现在，让我记忆很深刻的是关于鞋的经历。我的整个小学，整个夏天几乎都是赤脚上学，没有鞋穿。秋天会有一双单薄的鞋。冬天，会有攮了一点棉花的鞋。这些鞋的鞋底是妈妈纳的，鞋面是灯草绒布料做的。

因为脚在一直长大，妈妈特别忙碌，有时来不及给我做鞋，有一次没有鞋穿，我只好穿妈妈的鞋去上学。冬天晴空万里无云，我穿着一双雨靴去上学，我的同学好奇问我，你为啥穿雨鞋。我挠挠脑袋不好意思地说："我以为今天要下雨。"之后的好多好多天我都说我以为今天要下雨。

家乡每每下雨，路上都是泥，有布鞋也没法穿，我打着赤脚，泥巴混合着各种其他成分，从我的十个脚趾头的缝缝里，滋溜滋溜地钻出来。我的脚上长了很多冻疮，手上也长满了冻疮。十几年，就是这样长大的。

我讨厌雨天，我讨厌雨天的泥泞。妈妈说："那你努力读书啊。长大之后就去成都，成都的马路都是柏油路。如果下雨了，最多不超过半天，路就会干的，路干之后你穿布鞋，鞋底都不会被打湿。"我第一次来到成都时，出了青羊宫，就是田。当时的成都，只有现在的一环路以内。

长大后到成都上学，见证了这个城市的发展。一条又一条的路，越来越延展开来，越来越宽阔，一栋·栋的新楼建起来，高楼越来越高。

我小时候曾经想象：我们是否有一天也可以看上电视？是否有一天也可以用上天然气？是否有一天也可以用上洗衣机？是否不用再担心食物第二天就变质用上冰箱？这些仅限于书本上的东西，哪一天能够到我们的生活中？我们什么时候可以吃到牛肉烧的土豆，而不是白水煮的土豆？什么时候做菜可以多放一点油？

20多年前，我用蜂窝煤在成都烧菜做饭，后来用煤气罐，现在用天然气。曾经我和海蒂爸坐在地上吃饭，现在，我们有自己稳定的居所，有一张完整的餐桌吃饭。幼年时候，如果到餐厅吃饭，吃到最后回锅肉里面只剩下辣椒皮和油的时候，我们依然会选择把油拿回家去，和着面吃。现在我们参加婚宴、寿宴，别人招待我们吃饭，餐桌上如果没有剩菜，主人就觉得不够尽心，没让客人吃饱、吃好。

这些巨大的改变是时代带来的。

时代也带来了一些新鲜的词，在我幼年的时候见不到的一些词，例如说内卷，例如说焦虑，例如说抑郁。

现代科学、科技与资讯如此发达，那我们的心、我们的情绪、我们的精神是否准备好了呢？

常常看到、听到很多让人难过的事情，各式各样的理由，让人轻易放弃自己的生命，我觉得特别的难过啊。

如何才能够帮到我们这个时代忙碌的人，高速前行的人？帮助到我们的下一代一出生就站在人类文明的历史巅峰上的这一代人？

去年七月，我自己因为基地的不稳定而焦虑，产生了心理疾病，经过一次抢救。人生的某些价值观，是躺到病床上得到的。在那个时候，你所奔波的一切，忙碌的一切，都暂停下来的时候，你思考的东西到底是什么？

▲种在海妈浴室的植物，有蝴蝶兰、彩叶芋、
'斑马'海芋、'粉龙'海芋等

我思考的是什么？

我活着的价值是什么？

我陷入了迷茫，从医院回来之后是长期的失眠和呼吸困难。

我需要找些事情做，天气太热，室外蚊虫又多，便在室内开始栽种吧。先在洗手间的窗台上种上一排阔叶植物，再在客厅窗边种上一排红掌。

有一天，我坐在马桶上无书可看，便看窗台，看到一棵海芋'斑马'，它正在奋力抽新芽。之后我每天都蹲在马桶上，看它发芽，看它一点点舒展它的叶片，直至撑成伞状，举得高高的，迎接着每一缕阳光。

我突然间意识到了一点，植物是活的，是持续不断在生长的……

自那天开始，我的失眠和焦虑症状就完全消失了，奇迹般好了。

园艺的本质

园艺的本质到底是什么？

园艺的本质是——栽种。

栽种，不是满手泥，把植物放进花盆的这个动作。而是你每天去关心植物的生长，去看它一点一滴的变化，去看它在栽种以后，长出新根，服盆。因为服盆而长出的第一个新芽，第一片叶子。去看它叶子通过光合作用，孕育出来的第一个花苞，然后去倾听第一个花苞"砰"的一声打开的声音，绽放的过程。去欣赏花苞合拢凋零结种子的过程，去收集它的种子，然后播下它，再次看它生根发芽的过程。

园艺是栽种、观察、发现、去感知植物的生命力的一种过程。

这是我对园艺做的一个定义。

很多人说：我没有花园，连一个像样的阳台都没有，没法栽种。

事实上，只要你愿意，即使只有一个窗台，就可以有相应的植物供你栽植：阔叶的、低光照的甚至是开花的植物。

有的人说：我工作的地方是在地下室里面，那我没有任何植物可以栽种。也不是的，地下室里为植物准备一盏灯，也可以栽种。

很多人栽种是为了美化环境、美化家居，使整个家居空间显得更加温馨一些，它的作用就像沙发一样，像茶几一样，它是家居的一部分。

在我的理解里，园艺不仅是家居的一部分，更是我们生命的一部分。

试试看去为你的植物拍一个延时摄影。你会发现，它的生命力是如此蓬勃与旺盛。这些新枝与新芽，可以给我们带来极其强大的自然的灵力。园艺是你去栽种就可以得到。

我可以很负责任地告诉你，园艺很容易，很简单，一旦开始栽种，便会成功。

园艺是你去栽种就可以得到，
没有失败！

卷壹

———

园艺
基础

01

了解栽种环境

植物只有在它喜欢的环境里才长得好

　　近三年来，我收到了大量带图的"求救"：海妈，我的绣球为什么黄叶？我的月季为什么这么多斑？我的草莓怎么还会自己"擦粉"？为啥我的琴叶榕叶子掉得精光？我好心把绿萝拿到外面接地气，一晚就像开水烫过一样，是为啥？……大家给我丢下各种问题植物的大头照，但是我这个当"医生"的太难了，仅凭一张大头照，我不能诊断它们的问题出在哪里，你要给我一张植物定植的环境的照片，告诉我你把它们一直放在哪里养的？近期如何浇水、施肥、喷药，有没有遇到极端天气……

　　我曾经去看一个花友的阳台，她指着阳台上'贝拉安娜'绣球说："不知道为什么一发叶子就枯，新叶卷，老叶枯！"我仔细观察后发现，其实植物本身什么问题都没有，就是花盆离玻璃栏杆太近，叶片和玻璃贴在一起，纯西晒的阳台，下午的阳光灼热，烫伤了叶片。只要花盆往里挪动些许，让叶片不要贴着玻璃就好了。

　　假设我没有去到她家里，即使我给她再多的办法，可能也不能解决上面的问题。由此我认识到，仅仅是1cm的差距，就有可能影响植物是否会适应环境。往上移动1cm，往下移动1cm，往光照处移动1cm，往阴处移动1cm，都是不一样的，它是有临界点的。

　　所以，我们在栽种植物之前，需要了解我们的栽种环境：区域大环境、花园小环境、植株栽种位置的微环境。接下来，我将从这三方面展开，帮助大家认知自己的栽种环境，从而匹配与环境相适应的植物。

1 区域大环境

认识大环境，我们可以通过表格来实现。

我们可以通过表1和表2了解地区的气候特性，做出具体的应对方案。例如华南地区在一年哪个时候可以进行强行春化，各个地区什么时候栽种、修剪、拔叶子、浇冻水、做冬季保护，海滨城市台风过境做保护……

经过这些记录，我们就可以很好地认识到，自己正处在怎样的气候环境中，这里到底是冷还是热，湿润还是干燥，四季的变化是从哪一天开始的。

这个表格，填或不填都不重要，重要的是心里一定要意识到我这个地方是与众不同的，我的环境和别家是不一样的。没有任何通用的法则适宜于每一棵花和每一种环境，一定要对自己的环境有所认知，这个其实并不难，试试看填这个表。

园艺就是一个循序渐进了解和感知外部，以及感知自我，然后认识自我的一个过程。

表1　日气候记录表

城市：		月份：				
日期	天气	最低气温	最高气温	相对湿度	风力	降水量
1日						
2日						
3日						
4日						

......

表2　月度气候记录表

城市：										
月份	最低气温（℃）	最高气温	平均气温	相对湿度	风力	霜冻时间	土壤上冻时间	土壤化冻时间	雨水天数	超过30℃高温天数
一月										
二月										
三月										

......

玉簪

2 栽种小环境

小环境这个就很微妙了，以我家里为例，我住在青城山，大家只知道青城山下白素贞，感觉这个地方很湿润，很适合长蛇。但其实这里的每一户人家，环境都不一样。

就说我家后院门口，有两排高大的水杉，高度为 15m 左右。它们几乎挡住了西面全部的光，从下午一点钟开始，整个后院就几乎没有光照了。

我家是正朝南的，买的时候想着朝南光照好，但是等到我栽种的时候，发现朝南的光被隔壁的房子全挡掉了。到我这里来就是白驹过隙，只有中午一点点顶光，十几分钟。

判断你的花园环境，需要画一张图，不好画的话，也可以用一张航拍图来说明。

首先房屋要了解最基础的东南西北四个朝向，你如果不知道，可以拿出手机的指南针，然后背靠着墙壁，这样就可以了解光照的朝向。

还有一个办法，就是每个季节选一个晴天拍一张花园全景照片，每个小时拍一张，用来对比花园里光照的变化，哪棵植物几点可以晒到，几点光离开。

阳台小环境，可以分很多类型。东西镂空的阳台，两边都有风可以吹进来，通风自然很好，光照时长也有保证；两边实心墙的阳台，既不透光，也不透气。

总体来说，朝着北面的阳台，日照是最弱的。但这样的阳台也并不是就一无所有，要看东西向的光能不能进来，还有冬季能不能有光照。有的北向阳台，甚至整个夏季都非常暴晒。这样的环境，可能会导致你以为它很阴，种了很多耐阴的植物，但一到夏天就被暴晒致死。

很多人又会说，我没有这样的环境，我所有的地方都是封闭的，例如写字楼的办公室，最多偶尔开一下窗。但其实这样的窗台也是环境的一种，它也有光的朝向、楼层高矮。

楼层高的窗台里的植物，就有可能被直接晒

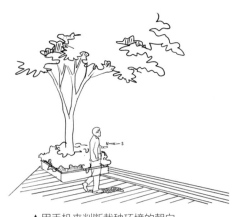

▲用手机来判断栽种环境的朝向

▲海妈家的后花园，光照较弱，种有烟树、大花绣球等

伤，栽种时最好远离玻璃。一楼的窗台就没有这样的烦恼，植物叶片直接贴着玻璃也不用担心灼伤，因为整个大环境的光被挡住了。

特别提醒：

1. 玻璃栅栏的通风性弱于栏杆，所以有玻璃栅栏的阳台，通常建议抬高花盆栽种。且避免植物接触玻璃，以防阳光灼伤植物叶片。

2. 阳台种花需在保证安全的条件下进行。可采取必要安全措施，如大风来临前，提前将花盆移至靠墙角落或室内，也可通过加固花架、选择轻质花盆栽种来实现。

园艺基础

3　栽种微环境

认识微环境的重点，重要的就是了解光。知道你的光从哪里来，从哪里消失。再来就是温度，一般暴晒温度就高，遮阴温度就低。

有一种植物铁线莲，它的根部喜欢冷凉，而枝叶又喜欢太阳。如此你便可以把花盆放到阳台的阴影下面，计枝叶攀缘到有日照的地方去，这是一个解决方法，枝叶它是可以自己向着光攀缘的。

我在家里观察风车茉莉，发现在缺乏光照的时候，它就只长藤蔓，不长叶片。当它的藤蔓长得足够长，爬上去，爬到足够高找到了阳光的时候，就开始长叶片进行光合作用。

有花友发来照片，月季白粉病、红蜘蛛一直有，问我怎么办？

我看了植物的环境照，给了三个字：举高高，把月季花盆举起来让枝叶伸到阳台外面度假，阳光、微风、自由生长，问题得以解决。

我在洗手间的窗台种蝴蝶兰和文心兰，一年时间没有移动位置，让它定植在窗台散射光处，蝴蝶兰全年在开，并且在老梗上不断起新花苞，文心兰现在又起了12枝新花箭。

而我种在阳光房的文心兰时而搬到树荫下，时而搬到桌面，时而给晒晒太阳，叶片枯黄，一个新芽都没有，花箭更是一枝都没有发出来。

我终于了解，"人挪活，树挪死"这句话是真的。

兰科植物找到自己的定植环境后，需要很长的时间去适应环境，因而不能随性搬动，否则它便一直在适应环境，没有办法安心生长了。

我跟海蒂和噜噜说："妈妈可以帮你们很多的忙，但是唯有一点，妈妈永远帮不上，那便是学习。"

只有栽种者本身，才能正确地认知自己的环境。

▶ '希洛美人'海芋、堇兰、龟背竹、爱心榕、秋海棠等

跟着海妈学种花

02

植物栽种成活
的条件

植物不能摆哪里好看就摆哪里

大多数人买花，是把它们作为一种家居装饰品，放置在家里的某个地方，哪里好看就放哪里，而不是考虑到植物在哪里放才可以活得更好。植物被栽种在不适合的环境里，状态会持续地变差。一开始可能是黄叶，接着就是掉叶、枯萎、徒长，叶片开始越来越薄、越来越黄，一碰即断，最后耗干养分，萎蔫死亡。很多人说："我从来没有把植物养活过，我也不知道该怎样把植物养活。"

所以，这部分主要讲述买到植物后应该如何处理，如何营造适应植物生长的环境，并使植物栽种成活。我主要从光、风、温度对植物的影响来讲。

1 光

"我们喜欢一种植物，首先要了解它对光照的需要，再看自己的环境是否能匹配。"

我前面讲过：任何人，在任何地方，任何环境，都能栽种植物。

我们喜欢一种植物，首先要了解它对光照的需要，再看自己的环境是否能匹配。一定要把植物定植在它适宜生长的光照条件下，如果你特别喜欢某种植物，环境光照不足就给补光灯，环境太晒就拉遮阳网。

例如绣球夏天不喜欢暴晒，春秋两季又需要全日照分化花芽，那就可以将它种在落叶乔木的旁边，让大树的树冠在夏季为它稍微遮阴，冬天落叶让出阳光。

如果在楼顶花园种绣球，就在5月花期拉上遮阳网，以免花被晒糊，9月以后收起遮阳网，让叶子充分光合作用。

看看右页图中这个阳台花园，它的第一梯队靠着栏杆，光照最好的地方，这个位置就适宜于摆月季、茉莉，以及其他花灌木等特别耐晒喜光照的植物；第二梯队就是挨着向里退过来的部分，可以摆绣球，这部分植物最好比第一梯队植物稍矮；第三梯队可以靠着房间种阔叶耐阴植物，例如天堂鸟等。

再如一个全日照楼顶花园，想要种蕨和青苔，便可种一株乔木，一些灌木，一些开花的月季，形成一个小生态，在这里面乔木和灌木株距之间就形成了一个低光照、高湿度且稳定温度的环境，便可以很好地养蕨和青苔了。

园艺基础

2 风

"什么样的风，是植物喜欢的呢？诗人早有答案：二月春风似剪刀！"

每个地方的风是不一样的，我在西昌感受过"呜呜呜"的那种"鬼哭狼嚎"的妖风，一个外乡人走到那个地方，遇到那种风，会不由自主心生恐惧，感觉进入恐怖电影的场景。

在云南我看到过龙卷风过境后，大棚的钢管被反向弯折，整片基地被摧毁。

在广州华南植物园，台风过境，我看到大王椰子叶片只弯曲而不折损，因为风从羽叶空隙钻过去了。

新西兰的爱丽丝花园，花园在大海边，风很大，主人说：搬来之前要先建防风林，等防风的松树长高后才能建花园。我们去参观花园时正值大风大雨，车被陷泥地出不来，我带着孩子们下车，风把人都快抬走了，同行的人大喊："海妈！快过来！这里没风！"奇怪，我往防风林的那一头走了几步，风便没有了，头发都纹丝不动！我又走过去，风大，走过来，无风，张嘴风灌进嘴里，像对着风扇说话。

植物需要通风，但是又不喜欢这么大的风，比如月季，过大的风会把月季的叶子吹进月季的刺里，像是自己长刺刺自己。

什么样的风，是植物喜欢的呢？

诗人早有答案：二月春风似剪刀！

吹在脸上像温柔的手，吹动长发飞扬的风是植物喜欢的风，它们会随风晃动叶片和身体。

青海的花友告诉我：他的'龙沙宝石'月季不是冻死的，是风干的！干燥的大风，就会使得植物内部和外部环境形成一个水负压。有点像我们腌制黄瓜，水直接被倒抽出来，便开始缩水皱皮。

在北方，冬季主要其实是防风，所以书上说雪像被子一样盖在麦子上，又温暖又舒服。在风大的楼顶种花，我们应该用实心栅栏或是玫瑰花墙来防风，让更多的植物生活在风平浪静之中。

如果是一个封闭阳台，要如何解决通风问题呢？你可以安装一个挂在墙壁上的小风扇，让它每天摇头晃脑转来转去，这样转来转去的风就足够通风让植物生长了。

▶ 松柏作为花园的结构，也起到防风的作用

夏季给花盆套上隔热膜，防止温度高闷根

跟着海妈学种花

3 温

"极端气温会给植物造成不可逆转的伤害。"

温度是植物生长的要素之一，春季万物复苏，恢复生机；夏季耐热植物疯狂生长；秋季落叶植物会开始黄叶呈现秋色，营养回流至茎秆和根部；冬天多数植物开始停止生长休眠。

户外的植物大多如此，而室内植物则基本没有四季变化，在适宜的气温下会一直生长。

以蝴蝶兰为例，定植在一个东向的窗台就可持续开花，它对温度非常敏感，当温度低于10℃，花苞就打不开，花朵长斑点，叶片发黄，然后萎蔫、死亡。

大花绣球冬季掉光叶片以前，直接霜冻它受得了。一旦掉光了叶子，只剩下裸露的芽点，在0℃以下就可能产生冻害和灰霉病。

冬季室内植物养护要点：当气温低于10℃时，在室内角落里开热汀，把室内温度上升到15℃以上，特别是夜间。并把植物集群在窗边养护，不要分散摆放植物，以免因为开热汀或是地暖过于干燥而枯萎叶片。

冬季花园植物养护要点：不耐冻植物例如蓝雪花、大花绣球、三角梅等，夜间气温低于0℃，就需要搭保温棚进行保护。而在北方则需要把这些植物搬到室内有地暖的窗边。

低温会给某些植物造成不可逆转的伤害，同样，高温也是如此。在2022年的夏季，在成都气温高于40℃的天气持续了40天左右，盆栽月季的根系受损严重，以至于开始黑杆，秋花受到影响。

像这种情况，可以通过把花盆摆挤一些，让植物的叶子挨紧一些，以免地面温度过高影响根系；也可以在花盆外面套花盆或是保温材料隔热，还有就是用遮阳网遮阴降温。

多数植物都可以在自己的环境里驯化，通过炼苗让它更能耐受高温或是低温，但一定要注意，耐寒植物会因为发芽后突然的降温而不能适应，例如在英国2019年5月突然出现霜冻，很多花园的绣球花芽和叶片因此受损。

所以我们要持续关注天气预报，提前采取相应措施，尤其是现在全球气候变暖大背景的情况下。

03

缓苗与定植

缓苗是指植物适应新环境的过程，
定植是给植物安置一个新家

缓苗是指植物适应新环境的过程，我们这里主要讲网购的植物如何缓苗。现在网购植物，在路上一般都会在缺少光的环境下运输 3 天。从你下单，卖家根据订单从基地里拣货打包，整个过程就会逐步缺光；到最后进入包装纸盒，更是密闭无光；然后路上夏日酷暑、冬季严寒，集装箱温度低的时候 0℃以下，高的时候 50℃左右，植物运输的环境非常恶劣，所以收到它的时候，状态肯定不好，如何才能让它尽快恢复生机，更快适应新的环境呢？这就需要缓苗，不同植物的缓苗方法都不同。

定植就是把植物栽植到确定的地点，让植物找到适合它的家。栽种植物的时候，务必考虑它的原生地。像海芋这样的阔叶植物，它就生长在光照比较好的阔叶林下；而像蝴蝶兰、文心兰、石斛兰等，就寄生在一些树干下面，从树冠下透出的丝丝缕缕的光，就足够支撑它开花，所以对光照要求相对不高。

我不禁开始回味我在高山上看到的月季，大多是攀缘爬藤的，像蔷薇一样，爬得高高的。它的根部长在丛林里，但是它的枝，它的叶片，全然爬上十米高的大树，像凌霄花一样攀缘着大树持续往上生长，所以它需要的日照是非常强的。

铁线莲的根部也是深深扎根于那些阴凉的土壤里面，而它的藤蔓，也会顺着大树持续往上攀缘，去争取到属于自己的那一份阳光。所以它天生就是根部喜欢冷凉，而叶片又喜欢日照的一种植物。栽种它的时候，可以把花盆放在阴影里，把枝叶藤蔓牵到光照里。

总之，我们就是要想尽办法，在家里面模拟自然空间，找到与它原产地相似的光、风、温度、湿度。

下面以月季、绣球，以及其他几种对乙烯敏感的植物，来讲讲如何缓苗、定植。

1 月季缓苗处理

缓苗成功的标志：新芽新叶长出

月季缓苗的过程，日照是核心。收到网购的月季，首先要做的就是给它浇水，恢复日照环境，而不是急着换盆、施肥。

缓苗

① 收到货后一定要及时拆开包装，立马解除它的封印，恢复日照。

② 即刻浇透水，无论你收到的月季是半干的还是湿的，浇到觉得整个花盆变得很重为止。底下不要放托盘，如果放了托盘，也请倒掉里面的积水。

③ 放在高处。如果是楼顶花园，就直接放在全日照的地方；如果是一楼花园和阳台，就尽可能通过抬高等方式，一定要放在太阳能晒着的地方。散射光即使很明亮对于月季来说也是不够的。

④ 缓苗的月季，尤其是收到时有点半缺水状态的苗子，则一定要注意给光照的同时要避风，暴晒加上大风会使叶片失水过快，叶子就会变脆，掉落。

阴天也竭尽所能地放在光照最好的地方。这样就算它老叶黄化凋零，但是它的新枝新芽新叶，会持续不断地发育出来。如果放在室内，或者阳台缺光的环境缓苗，它就会逐步萎蔫、黄化、越来越脆弱。

定植

等到充分缓苗后，就需要定植。月季的定植环境，至少要有2小时及以上的日照时长，爬藤月季对光照要求较低，多季节开花的品种对光照要求高。

月季缓苗步骤：

拆包装

浇透水

缓苗，置于全日照处1周

换大一号花盆，定植于日照充足、通风好的环境中养护

2 绣球缓苗处理

绣球的缓苗步骤和月季大有不同，网购的绣球可能出现缺水萎蔫的状态，这时该如何缓苗呢？

缓苗

① 第一步和月季一样，仍然是先浇透水。

② 放在有天花板、没有很强直射光的阳台，甚至是北向的阳台，封闭阳台也可以放到窗边，有明亮散射光的环境就可以，尽量避开正午直射的光照。

这一步也和季节相关：如果是冬季，温度在0℃以上的时候，那你可以给它全日照，因为它在休眠期。如果是在早春，温度低于30℃的时候，收到以后也可以直接给全日照。

而夏季温度高于35℃时，就要放在阳台内，让它逐步适应环境和光照。严重脱水、叶片萎蔫的绣球，这时应该先咕噜咕噜让它喝饱水，并且放在室内，甚至是空调房里，让它在较低的温度、避风的环境缓口气。基本上一个小时以后，它就会恢复挺立。

③ 然后就是等待两三天，在这个过程中变得萎蔫的，没有精神的，立马通过浸盆的方式，让它吸水，一般它都会变得亭亭玉立，舒展开来。

定植

等绣球缓苗完成，可以检查一下它的根系，根系很好的就可以用加大一号的花盆定植。环境需要选在一个可以享受早晨和傍晚阳光、中午直射光较小的地方。

绣球也不是说全然不需要光照，只是它需要的光照不如月季那么强烈。

绣球缓苗步骤：

拆包装

浇透水
（收货时叶片可能缺水不精神，浇透水后1小时左右即可恢复）

缓苗，置于通风、半日照处2~3天
（夏季应在避免暴晒的室外环境缓苗）

换大一号花盆，定植于日照充足、通风好的环境中养护
（夏季避免烈日暴晒）

◀垂丝樱花

3 乔木缓苗处理

　　中华木绣球这样的高大乔木，它的缓苗过程其实就是一个栽种的过程，你不可能把它放到室内，然后逐步地更换光照环境，因此，购买的季节就很重要。根系完整的盆栽中华木绣球，在任何季节都可以定植；而从地里挖出的，损伤了根系的，只适合于春季和秋季定植。

　　黄角兰、栀子花和竹子，则需要尽量选择春、夏两季定植。

4 天竺葵的缓苗

天竺葵收到以后发现黄叶的情况是正常的，因为在路途运输过程一开始，它就会逐步黄叶、凋零。往往都觉得它已经半死不活了，这时该如何缓苗呢？

缓苗

① 用浸盆的方式，让植物吸水。

② 把吸饱水的植物，放在阳台比绣球还要靠里的第三梯队的位置，甚至需要放在绣球等灌木的半阴影之下。因为此时的植物老叶均已黄化，缓苗发出的都是新芽，这时给它强烈的光照，会导致新芽很快干枯。

整个缓苗过程相对月季、绣球更加缓慢，可能需要 7~15 天，视具体情况而定。

定植

待新叶长出，就可以定植在半日照环境下了。

天竺葵缓苗步骤：

拆包装　　　　　　放在装有水的托盘中，　摘除底部黄叶，置于避　换口径 ≤ 17cm 的花盆，
　　　　　　　　　让根吸水　　　　　　雨且有早晚日照的环境　定植于避雨、半日照、
　　　　　　　　　　　　　　　　　　 1~2 周，比如窗台，新　通风好的环境中养护
　　　　　　　　　　　　　　　　　　 芽长出可定植　　　　（夏季高温时可适当遮阳）

总而言之，缓苗的过程就是让换了环境的、生长不良的植物，逐步适应新环境的一个过程，这个过程通常需要 7~15 天左右，特殊的植物也有 3 个月才恢复生长的情况。

这个过程中，如果发现植物状态越来越糟糕：芽点开始枯萎，没有新芽，发出的芽过于嫩脆，叶片过于软、薄……这时就要考虑缓苗的位置是否正确。选择正确的位置，是缓苗的关键，主要考虑该位置湿度、光照、温度、通风的影响。

04

土壤

好的土壤是种好花的第一步

经常有人问我，我买了很多花，总是种不好，是不是我这个手天生不是属绿的，不是属木的，而是属火的，拿到植物就烧着了。我说，那你跟我说说你是怎么种的吧。好吧，我听到的答案是：就是挖个坑，把植物埋进去呀！

没经过土壤改良的绿化带，或者花园，土大多是不适合园艺植物生长的。这些土很多是造土砖的黏土，可以用来捏泥人。这样植物就像是困在一口井里面，根系无法呼吸，甚至水都浇不进去，可不就长不好呗。

好的土壤是种好花的第一步。它相当于我们住的房子，里面有很好的通风系统，从而跟外界保持联系畅通，可以好好地存放我们吃的粮食、喝的水等，这样我们才能健康生活。植物也是一样的。

1 土壤分类

壤土最适合园艺栽种。

自然中的土壤是由很多成分构成的。风化的岩石层可以提供植物生长必需的矿物质和微量元素；动物粪便以及腐烂的动植物体提供植物生长所需的有机质。

我们一般把土分为三类，即壤土、砂土和黏土。砂土就是接近大江大河沙滩的土，黏土就是加一点水，很容易塑形，比如做陶器的、捏泥人的土，黏性特别高。如何判断你花园的土壤是哪类呢？简单说来，就是你挖一锄，出来一坨是完整的，一碰就散掉，这就是壤土；而砂土就不成坨，黏土散不开。

其实土壤没有好坏之分，只有合适与不合适。比如，蔬菜适合壤土，花生、红薯、胡萝卜喜欢偏砂性的土，水稻喜欢黏土。在大自然中，一般每一种土壤都有相应的植物在上面生长。

但我们的花园里，最合适的还是壤土。砂土太容易干，黏土不透水、不透气，容易板结，绝大部分的园艺植物都喜欢壤土。我去过小兴安岭，森林里每一年树叶掉落下来，都变成有机质，厚厚的一层叠一层，一脚踩上去软软的，疏松透气又肥沃。像这种林下的表层土，就是极适合的土。还有我们菜园的土，每年都会有白菜帮子等蔬菜的残叶为土壤提供有机质，也是非常好的土。简而言之，无论红的、黄的、黑的，富含有机质的表层的壤土一般都是适合花园的。

但我们现在的庭院、绿化带栽种环境却恰恰相反，大部分都是从地下挖出来回填的，被挖掘机反复碾压过的厚实的黏土。我们要在这样的环境里进行园艺栽种，土壤便是需要被改良的。

▼壤土　　　　　　　▼砂土　　　　　　　▼黏土

2 园土改良

园土改良的流程：深耕／去建渣／冬季冻晒／加有机质。

如果你要对新房子的院子进行改造，首先要做的不是打围种树，而是改土。

改土的第一步就是去建渣，尤其是新花园，土里都是建渣、石头、水泥块儿，都要拣出来。鲜花可以种在牛粪上，但绝不能种在石块上！

其次要松土，要深挖土壤，最好在冬天，挖出来晒一个月，让霜打一打，这样土壤有收缩膨胀的过程，有利于形成团粒结构，土壤会松软很多，排水透气性好。"海蒂和噜噜的花园"在建园之初，我们就是这么做的。我们先用大旋耕机旋成大块土，一大坨一大坨的，当时是死黄泥，把机器的刀片都打坏无数次，特别难。然后大坨地码放着，冬天霜冻。一个冬天以后，这些以前水泥那么硬的玩意儿，竟然用锄头一敲就烂，有点酥脆了，土有了孔洞，这是好事情。

如果觉得这个方法周期长，你也可以第一次预算成本高一点，换掉表层土壤40cm左右，换的土黄的黑的都可以，只要是表层土，或菜园土，千万别是挖机挖起来的深层土。

之后，还建议播种一茬大豆或其他豆类植物，因为豆类的根有根瘤，有固定氮的作用，而且大豆茎秆叶子翻埋在土壤里面，腐烂后可以变成有机质。当然，你也可以收集冬季的落叶，或者去菜市场收集菜叶子等绿色垃圾，早春铺在花园里面。

"海蒂和噜噜的花园"我们是加入了约20吨的中药渣（悄悄告诉你，中药渣药店没准会免费送给你），再次用大机器来耕地，一次一次地刨，挖的深度约有30cm。

总之一条，就是增加土壤里的有机质。

经过多次这样的改造后，有机质堆积越来越厚，花园的土壤也会慢慢形成一个良性的生态环境。其实花园不仅是我们人的居所，也是植物的家，昆虫的家，微生物的家。大家一起，才能营造一个和谐健康的环境。

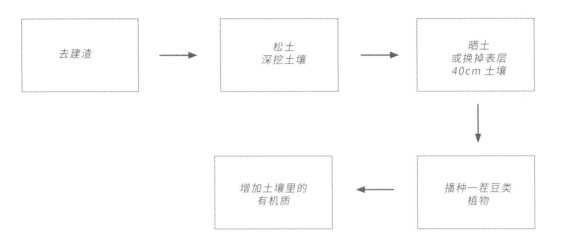

庭院改土流程图

Tips: 给土壤"吃素不吃荤"

我直播的时候，有小伙伴说，加松鳞、加肥改良土壤如何？我个人觉得，不要把基础土壤弄得太肥了。我主张给土壤"多吃素，少吃荤"。

这里的"素"指的是各种绿色植物垃圾，比如树枝落叶、蔬果垃圾、作物秸秆、中药渣等。"荤"指的是：猪粪牛粪各种粪肥，以及蚯蚓土等各种营养土。

我亲眼见证过一个朋友铺了几十厘米的蚯蚓土，然后种波斯菊。后来波斯菊长到2m高，倒成一片，一朵花没开，就全砍掉。小时候，我爸爸为了庄稼长得好，一桶一桶的粪泼在一个稻田里面，那稻谷长得我们四川话叫"青幽墨黑"，但结果只长个子，谷子很少，后来风雨一来，干脆全倒了。

当然也不是完全不能让土壤吃荤，你估摸一下，假设花园100m²，土层厚度是30cm，就能算出总土壤量，你改进去的那个猪粪牛粪，应该是控制在5%以内，超过这个度就可能让土壤过肥。

如果非得要用"营养土"，要混合70%的普通泥土，不然不仅会倒伏，还可能会烧苗。

3 配方土

前面说过，土壤是植物的居住环境。每种植物都有自己的脾性，喜欢的土壤类型也不尽相同。所以在园艺栽种过程中，我们可以根据需要，配制各种各样合适植物生长的土，我们有个专业词汇——种植基质，也可叫作配方土。

配方土首先必须能让植物稳稳地固定住，其次含有氮、磷、钾、微量元素等植物需要的营养元素，再就是要疏松通气，能让根系很好地呼吸和喝水。

市场上的配方土一般为泥炭、椰糠、珍珠岩、缓释肥等混配而成。

泥炭

泥炭内部呈丝状，分不同的颗粒度，有0~10mm、10~30mm、20~40mm等，粗的泥炭用来搭建土壤的骨架，细的则用来填充缝隙，提供有机质。泥炭是目前普遍采用的优质种植基质之一。

椰糠

椰糠吸水性好，能将水保持在根系周围；疏松的孔隙给土壤增氧，增加透气性，促进根系活力。但椰糠的含盐量不能过，尽量和其他低EC值的介质混合使用。

珍珠岩

珍珠岩内部多孔，用在基质中可以储水，也能将多余的水排掉。配土时建议选用粗的珍珠岩，粗的不容易粉末化。粉末化的珍珠岩容易堵塞土壤空隙，形成板结。

缓释肥

又叫控释肥，一种包膜肥料，含氮、磷、钾等多种元素，提供基础肥力，肥效半年左右。控释肥一般和基质搅拌均匀使用。

4 地栽穴改的土壤

我举一个浅显的例子，种植穴就像我们睡的床，即使植物住的房子不太好，但是睡的那张床，要让它松松软软、舒舒服服，利于长根。所谓穴改，就是挖一个大坑，专业词叫种植穴，大于植物花盆的 2 倍，里面放满配方土。一般两倍于土球大的种植穴，深度 40cm 以上，并挖松底下的土壤，保持水浇进去能够顺利地渗卜去。然后种植穴里放改良的配方土壤。

穴改后，植物一个星期左右就开始长根。一般穴改可以保证植物栽种的成活率达 98% 以上。成活之后哪怕不再施肥，也能保证有非常好的开花量。看我们的'龙沙宝石'月季墙，由 180 元的小苗长到现在，仅两株便开满 32m² 的墙，并且只花了五年左右的时间。要知道，它的根部直径现在已经有 15cm 了，非常可观。

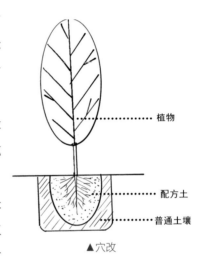

植物

配方土

普通土壤

▲穴改

▼ '粉色龙沙宝石'花墙，前方栽种了大花飞燕草

5 容器栽种的土壤

　　阳台、容器花园怎么办？用什么土来栽种？其实大多数植物都可以用相似的配方土。

　　盆栽植物里的泥土含量不要超过 30%，如果全部用泥土栽种，板结会特别严重，很可能出现浇水浇不透的情况，以致植物干枯，或是坏死。也不要用动物粪便营养土，植物会被肥害然后慢慢死亡。

　　下面是几种植物容器栽培时的基质特点。

三角梅

三角梅喜欢盆栽的方式，而且还喜欢含大量泥土的介质，所以三角梅可以用 70% 的泥土，太肥的土壤反而不开花。

以须根为主的灌木、草花

比如绣球、月季、草花，可以全部用不含泥土的配方基质，因为它的根系是像丝网一样的须根，可以抓牢基质。

带主根的乔木

乔木一般冠幅大，栽种时一定要考虑稳固性，一般基质不能少于 30% 的泥土，而且泥土里一般自带微量元素，不用后期专门施相关的肥。另外 70% 可以用配方土。

其他如附生植物 / 兰花

树皮或水苔栽种

原生在沼泽的植物 / 瓶子草 捕蝇草

用水苔栽种

　　土壤的重要性要种花的老园丁才能慢慢体会出来，好的土壤事半功倍，在一个花园里，任何钱都可以节约，可以买更小规格的植物，便宜的地砖，便宜的花盆，但在改良土壤上要不遗余力！

05

浇水

浇水十年功

一位花友的先生，最喜欢早上 6 点起来浇水，美美地抽一支雪茄，一边浇水，一边思考一天的事情，或是什么都不想，把自己全然放空，这样的一小时过得一点都不难。这一小时是属于自己的，谁也干扰不了。这样看来，浇水是件很治愈的事呀。

但浇水不是轻松地拿个水管舞一舞就可以了的事情。浇水十年功，这句在园艺界的金句，说的就是浇水可不是件容易的事情。

但愿下面的内容，可以帮助你们把浇水十年功减成浇水五年功。先来熟悉三个词：见干见湿、浇半截、浇透。

见干见湿

见干见湿是养花的一个常用术语，意指浇水时一次浇透，然后等到土壤快干透时再浇第二次水，它的作用是防止浇水过多导致土壤不透气，最终潮湿引起病虫害和烂根。这种方法在秋冬季节用得比较多一点。

浇半截

浇半截水是相对于浇透而言的，其实不一定都是坏事，例如夏天的非洲堇、多肉植物，就需要这种浇法。

浇透

浇水时要浇到盆底大量出水，而且打湿所有的介质。这个对于死黄泥栽种的植物来说，特别难。你可以把花盆浸入水里多次，直到咕噜咕噜的声音完全消失，花盆比之前重 2~3 倍，捞起来所有的孔洞全有水出来，就证明浇透了。

1 春季浇水——可多浇、勤浇

盆栽

春天，多数植物生长旺盛，铁线莲发芽之后一天可以长 5cm 之多，所以需要大量的水分。总体来说处于生长期的植物，由于叶片多，水分吸收快，蒸发量大，所以需水量也大。

这样讲简单点，春天的水可以多浇、勤浇，不要浇半截水，不要干透再浇。很多时候，干透就意味着植物已经被渴着了，完全干透会影响发芽，特别像天竺葵，如果干透再浇透，会让花苞消掉，从而干枯而打不开。

春天应该在出大太阳的时间浇，一般早上 9 点左右，等露水干了浇。我说的春天是指 5 月以前，3~4 月末。发现介质表面干了，或是土壤发白的时候便可以试着用手指探一探，表土干了半指深，就应该浇水了。

浇就应该浇足、浇透，春天多肉也可以浇水。对新手来说，浇足是多少又是问题，所以一定要保证介质松软，透气透水性好。而且花盆下面还要有大洞洞，多余的水可以流出来，不积水。我看过积水死亡和干死的植物，是一模一样的，就是耷拉着脑袋，完全没有精神，你以为缺水了，其实相反，是被淹死的。所以摸摸介质，掂掂花盆的重量，十分必要。

还有种浇不透的介质，例如干成酥的土，死黄泥，怎么办？这时候可以浸盆了！

浸盆十几分钟，可以让它们吸饱水得到恢复，但不能次次都这样，植物会长不好的。

地栽

有花友对我诉苦说，我在你这里买的'龙沙宝石'，你的开这么多，我的只开了 5 朵，还小得可怜，也没你那么好看。我问他是咋浇水施肥的？他回答："啊，我栽在地下的，还要浇水啊？"

是啊，地栽怎么浇呢？在春天如何决定浇还是不浇水？这是个问题！

地栽的成年花灌木、乔木等，需水量总体比盆栽小，因为地栽可以吃天水嘛——雨水、露水，也就是大家都在说的接地气，有花友认为就不用额外浇水了。其实地栽也要根据温度、湿度等天气情况，还有所处的地理环境来决定浇不浇水。

至于浇水量，只要土壤排水性好，多浇一些不打紧。

2 夏季浇水——浇水分场景

楼顶花园、露台

这些裸晒的地方，每天早晚都得浇，不要管早上我要工作了赶时间，露水没有干怎么办？保命要紧啊……当然，也得分植物，有些是休眠期的，例如酢浆草、多肉、天竺葵，可能方法又不同，所以这对你们来说还是需要五年功。

盆栽

有人说夏天下了雨就不用浇水，不是这样的。我亲自经历过下雨三天以后，月季叶片大量黄了，我很奇怪，去掂花盆的重量，除了表面2cm，下面全干成酥了。

所以浇与不浇，需要用手去探，其实也可以用竹棍之类的工具，但总不像人的手那样更加准确。

夏天的盆栽，需要大量的水，不然会渴死。

多肉植物

多肉植物要控水，但对于露养的多肉植物，也并不是哦。控水，不浇，然后看到叶片从肉坨坨变成纸一样的薄，还是不浇水，然后就干死了，你相不相信？

相对来说，多肉需要透水性更好的盆和介质，同时将花盆抬高，花友嘉和跟我分享她正确的浇水方法，莲蓬喷头，呼呼呼过去，呼呼呼过来，舞一舞，相当于给它冲灰尘和降温，这样就好了。上述多肉是指露养的，阳台上能见直射光的也是这样处理。

3 秋季浇水——逐步减少浇水量

秋天的水如何浇？秋天还有秋老虎呢，9 月依然很热，原理是一样的，摸一摸，干了依然要浇，浇水频率随着气温的降低而逐步降低。出大太阳的时候，晚上或是早上浇。阴天可以不浇，或是三五天一次，同时还得视植物种类以及盆土的干燥情况决定。

在北方，秋天的月季、绣球等需要休眠的植物，随着气温的降低要逐步降低浇水频次，要让其渴着点，不要再长又脆又嫩的营养枝，让枝条木质化，形成"肌肉"抵御寒冬。

广东、广西等南方，秋天温度还非常高，尤其是 9 月，应该像夏天一样浇水，之后参考春天的浇水方法。到 11 月才逐步减少浇水量，一直到第二年 2 月。这有助于花芽分化。

▼多肉植物组合花境，量天尺、万圣节、淡雪、高砂之翁、西瓜宝珠等

4 冬季浇水——少浇，北方浇冻水别忘记

冬天花园里的植物需要浇水吗？都掉成光杆儿了，你说要浇吗？在成都，只要不上冻，是需要浇水的。不过这时的浇水变得很少，一般一周、十天甚至半个月才浇一次。大树一个月浇一次。

冬季浇水要在正午，这样叶片上的水滴可以很快蒸发掉，减轻夜间冻害的风险。注意，有些天竺葵等不太耐寒的植物，浇透水后，最好在室内过一晚，再搬出去。

另外，冬季北方花园都要浇冻水，土壤孔隙都被冰填满。你会说，呀，那多冷呀，根都被冰包着。水结冰的温度是0℃，但北方冬季室外温度零下几十度，冰填满孔隙，寒风进不去，反而有助于根系防寒。而且北方的春季非常干燥，冻水可以在春天来临时融化，及时让苏醒干渴的植物喝到水。

Tips: 室内植物和花园植物的浇水不一样

我们家都有种死室内植物的经验，谁家里还不能有几个大的空花盆！原因大多都是浇死的。室内植物花盆通常有底盘，整盆花又重，一浇水，就泡起了，然后根系不能呼吸，慢慢叶子、茎秆就软烂掉了。

发财树、金钱树，整个冬天都不需要浇水，尤其是没有地暖的南方，只需要用湿帕子抹抹叶片，或是雾状的水十天半月地喷一喷，保持一些湿度。少浇水的同时，一定要保温，你试一下把绿萝拿到阳台，一个晚上就冻透了，你会哭的我跟你讲。

而春、夏、秋的室内植物是需要浇水的，花盆小、冠幅大、叶子多，浇水要多。反之通常7天至半个月左右才给一次水，而且一定要保证多余的水可以流出来。这很重要，不可以积水。可以试一试在底盘里垫上无纺布或者陶粒。

5 几种代表性花园植物浇水特点

绣球

绣球是台"抽水机"，我在全日照环境下栽种的，从4月中旬开始，每天早晚各浇透一次水，绣球在生长期不可以让它干透，干透就会半死。当然绣球的优点就是一缺水就蔫，一旦浇足水，一小时以内就恢复生机了。但是干得都枯了的叶片，是永远不能恢复的。如果有条件，夏天给它遮阳网遮一下会好很多。

扦插苗

扦插苗如何浇水？水没有管理好，是多数人插苗失败原因中的 NO.1 。这就需要见干见湿，还有合适的温度和湿度。

你在家里扦插，至少要淋不到雨，暴晒不到太阳，而且又需要一早一晚的光照。简单说来，就是要有个小棚子，挡了雨和80%的阳光，这样的环境才能插活小苗。当然，当温度高于40℃，家庭基本上是插不活的。保存实力很重要，养好现有的。

其实保存品种的插苗，应该是在5月初，花正好的时候取几枝下来，枝条活力好，叶片健康，才有机会。

月季

月季怎么浇水？和所有灌木一样，盆栽不能缺水，会干死的。如果怕水多浇死，可以想办法在花盆下垫砖头，同时选择大出水孔的花盆，这样就不怕了。

像这种情况，可以通过把花盆摆挤一些，让植物的叶子挨紧一些，以免地面温度过高影响根系；也可以在花盆外面套花盆或是保温材料隔热，还有就是用遮阳网遮阴降温。

三角梅

三角梅反而要控水，要用盆栽，控水、少肥。不然它一直处于营养发育状态，拼命地长叶子、抽笋芽，但就是不开花。开花是需要植物生长成熟，花其实是植物的繁殖器官。

特别说明下，控水不等于不浇水，不浇水三角梅也会枯死的。

草花

草花类的植物，例如矮牵牛、舞春花、百日草、天竺葵，怎么办？夏天如何是好啊？浇不浇？水大就黑秆、腐烂，水少就干死。

其实要有心理预期，很多植物原本就是

一二年生。所谓二年生，就是第一年 10 月播种，第二年夏天或是春夏之交死掉。如果没有死掉，也很难复壮到完美的株型，所以需要年年更新。好在这些植物多数都很便宜，十几块看半年也挺值的。

如果非得要让它们活着，就是扦插小苗，小苗草花反而比成株更好度夏。别问我为什么知道，我是养死出来的经验。

夏季想要养好草花，根本方法是在于降低环境温度。其次注意以下几点：

第一，高温时最好避雨，否则温度高、湿度大，容易蒸死。

第二，适度修剪，避免冠幅过大，一般可以剪到 1/2。

第三，控制浇水量，干到 60%~80% 再浇。

Tips

经验说话：浇水的方法

给花园里的植物浇水，海蒂爸爸的办法是，一边浇水一边数数，从 1 慢数到 10，就换一株植物浇，待它浸一会儿，你再回来浇这棵植物。这样反复 3 次，基本上地栽的植物就浇透了。

浇水用什么工具？高压水枪？别！全部流于表面，跑光光了，根一点都没有喝到水，拼命在吼，渴死我了，你这个笨蛋！要细水长流，这句话适用于很多地方。记得细水长流，温柔的水，打在手上不痛的、舒服的，试试看你洗澡一样的强度的水浇在地上，就会很容易被吸收。

需要特别说一下，给大树如何浇水？大树即使是地栽的也需要。特别是新移栽一二年的树，会今天枯一条枝子，明天枯两根秆子，好奇怪，其实就是缺水了。

我给大树浇水，先把水放得很小，小到食指那么粗，这时水压很低，然后把水管放在树干上，让它慢慢流半小时。一个月左右这样浇一次，保证它不渴不闷。

06

花园排水

1 楼顶、露台花园的排水

首先讲楼顶、露台花园的排水处理。这之前必须要说一下楼顶花园的防水处理。

1. 防水，刚性材料和柔性材料都要做，且防水材料一定要做到女儿墙的高度。高度是很重要的，因为我曾经遭遇过，花坛浇水后直接从5楼渗漏到1楼，是因为我花池墙面防水只做了20cm高。

2. 在卷材防水或者柔性防水做好了之后，再做刚性防水时，就要考虑防水之后的散水坡的排水。

散水坡，顾名思义就是用来快速散水做的坡度。散水坡最低处在下水道口，最终雨水会通过散水坡汇集到这里流到下水道，从而排到雨水井里去。

3. 做好基础的排水层后，我们中间可以放蓄水板，上面再放隔水板，隔水板上再垫种植土，这样蓄水板和种植土中间实际上是镂空层，多余的水可以在镂空层里自由流动，实在蓄不下了可以顺利地到排水口，流到下水道里。

4. 下水口的位置尽量砌排水井，保护好下水口不堵塞。我曾经遇到过花友种的竹子、紫藤、榕树的根穿透下水道，堵塞排水口的情况，砌排水井后可以防止这种情况发生。

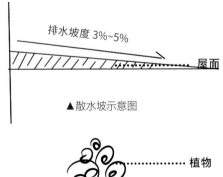

▲散水坡示意图

花园的女儿墙的承重最好，这里的土壤可以厚一些，而另外的地方土壤层要薄一点。楼顶花园建议用配方土，纯粹的泥土太重。一般楼顶基本能够支持到30cm厚度的配方土，特别是靠近女儿墙的部分。可以根据花园大小栽种1~5棵乔木。我不建议露台上砌各式各样的花池，混凝土和砖其实是很重的，可以直接用种植土造坡，比花池栽种的植物更多。

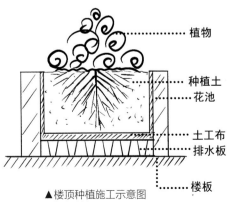

▲楼顶种植施工示意图

2 庭院的排水

一楼花园的排水，我是经过了多次失败的，所以很有发言权。

你会问，我怎么知道花园里具体哪儿的排水不太好呢？如果花园很大，可以挖几个测试坑，每隔5~10m远挖深度约60cm的测试坑，倒一满坑水进去，看渗漏的时间，如果几天还渗不走，排水就不好。还有在挖坑过程中，越挖土壤越润，这种情况种乔木肯定不行，一定要做好排水。

盲管排水法

"海蒂和噜噜的花园"建园之初，我们的排水解决方案就是挖壕沟，就像我家乡的田沟一样，各式各样横着竖着的排水沟，有的四周砌了砖，有的没有，虽然花了很多力气，但排水沟最终没有彻底解决下暴雨时排水的压力。后来在"海蒂和噜噜的花园"图书馆里面，我换了一种方式，就是学习机场停机坪的排水方式，用盲管排水阀。

具体做法就是在花园路下面，画田字格埋盲管，盲管上面盖土层。其好处是花园完全不用硬化，盲管上方可以建设路径，比如铺碎石，也可以在盲管上方铺约20cm的土层直接栽种植物。我青城山家里的小花园就采取了这种方式，在我必经的园路上方通过埋盲管，吸收各方来的水。盲管的原理是，当周围土壤的含水率很高的情况下，会跟盲管之间形成水压差，水就会渗透向压力低的盲管里。需要考虑的是盲管的承重性和稳定性都要很好。

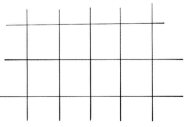

盲管间距3m，田字格排列

▲盲管排水法示意图

雨水井排水法

一楼的花园排水也可以用雨水井加排水沟的方式，通常小区绿化带本来就有雨水井，可以通过排水沟的方式把水引到雨水井里。

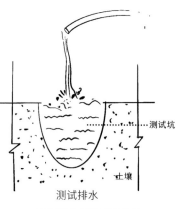

测试坑

土壤

测试排水

▲花园排水测试示意图

生态池塘法

另外一种方式是通过生态的方式来解决。乔木绝大部分都是不喜欢积水的，玫瑰、绣球也是如此。可以在栽种乔木和不喜水植物的地方直接造个坡度，利于排水，而把最低的地方直接做成沼泽式的生态花园，种植湿生或水生植物，例如鸢尾、美人蕉、再力花等。

3 花池的排水

花池是常用的造园形式。注意建花池一定要在底部做相应的散水坡，留出排水口，花池要隔 2m 打 3cm 左右的排水洞。另外还有一点也可以用楼顶花园加镂空隔水层的方式，避免积水导致植物烂根，特别是花池种植土全部都是泥土的情况，特别容易积水不透气。

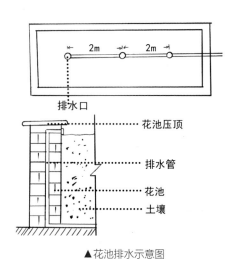

▲花池排水示意图

4 盆栽植物的排水

▼盆栽植物的花盆底部需排水孔

盆栽植物的排水就比较简单了，就是保持盆底透气。首先盆底排水孔不能少，对于雨水多的地方，盆栽植物的排水其实是很难的一件事情，因为它整个盆底都敷在地上，被泡在水里面。有个简单的解决方法：花盆垫空心砖或者蒸架，将花盆抬高，增强花盆底部的空气流通，利于根的呼吸。

07

肥料

施好肥，让植物有质量地活着

　　植物要生长得好，肥料是非常重要的因素。如果把一棵植物比作一个人的话，肥料就相当于我们吃的肉、蛋、奶等食物，施肥和不施肥就相当于我们人是否是活着和有质量地活着的区别。这部分讲讲家庭用肥，用什么样的肥，哪个季节怎么用肥等。施肥得当可以使植物更加强劲、健康，根系也会更发达，抗寒性和抗逆性大幅提升，病虫害都要少很多。

　　肥料的种类其实就几种，成分就是大量元素和微量元素。我们不必专业深入地去研究肥料，但我们要了解，植物对于肥料的一些外在反应，比如叶片黄化是缺肥了，还是其他高温引起的？我觉得植物有问题了，给它一个处方并不难，难的是准确判断它到底出了什么问题。

1 肥料的分类

液体速效肥

　　液体速效肥特点就是见效快，一般施下去几个小时就能被植物吸收。比如农村用的尿素、过磷酸钙等，这些肥通过兑水的方式直接施，使植物能尽快地去吸收。除了浇灌根部，也可以当成叶面肥使用。叶面肥呢，就像女生敷面膜，植物吸收得更快，一般两个小时就能吸收。施叶面肥最好施在植物叶片背面，因为植物的正面往往有很厚的蜡质层，背面相对有更多的呼吸孔，吸收效果更好。叶面肥和根施肥料可以同时用。

　　如果说用缓施肥、有机肥加好的土壤配比，可以使一棵植物的得分达70分，那加上速效肥，就可以得到90分。总结起来，液体速效肥吸收快速，能精准及时供给植物需要的肥料，比如植物每个生长阶段需要的肥料不一样，长叶的时候需要含氮量高一点，开花结果时需要含磷量、含钾量高一点，都可以通过施用液态速效肥精准控制，一般一次液肥的持效期只有一周左右。

缓释肥

　　缓释肥的类型有三个月肥效期的，也有半年期的，还有更长时间的。它像一颗颗小药丸似的，外面是一层包衣，里面包裹着含各种元素的复合肥，比如奥绿肥。一般说来，缓释肥与土壤的比例不能太大，一般为1∶500的比例。温度高，缓释肥释放多而快，温度低释放慢，所以在夏季应减少用量以避免产生肥害。有的人换盆时直接在盆底铺一层厚厚的缓释肥，非常容易产生肥害。

　　缓释肥一般适合秋冬季搅拌在基质里作为基础肥料，比如换盆的基质。还可以在乔木开花后用缓释肥来补充能量。另外球根植物花后养球，也可以撒缓释肥在表面，简单易操作，不像液肥一样又是兑水，又是一棵棵去浇。

有机肥

有机肥种类就挺多的了。

我们后面讲的堆肥，就是典型的有机肥；还有用于农业种植的农家肥。农家肥推荐牛粪肥，安全性更高。

有机肥是全球都在推广应用。我去荷兰的一个村庄，远远地就闻到一股怪味，走近是一个平房，高达6m，像一个仓库一样。我问这是啥？导游告诉我，这是荷兰的大便工厂。他们把牛羊的粪便和人下水道的粪便区分开来，然后通过大便工厂做成肥料，回归到农田，从而减少环境的污染。我们也可以在家庭里尝试这样的方法，具体可参见堆肥的章节，减少垃圾的产出。

有机肥的用法：第一，盆栽的话就是直接拌土壤用就行了；第二，可以在秋季和早春的时候作为覆盖物，特别是在秋季拔光杂草、松土之后，盖上5cm的有机肥，便可以增强土壤的有机质含量。

▼腐熟的堆肥

2 如何施肥

▊春季施肥

春季要等植物展叶后再施，发现长出2叶1心就可以开始施肥了，一般施氮：磷：钾为1：1：1的通用型的速效肥。切记不可以在完全休眠状态下施速效肥，像一个孩子睡着了，你拼命给他灌吃的，他连吞都不会，最后还不呛坏。尤其是月季，没有展叶的时候，施肥会造成伤流，从而使植株黑秆、枯死。

具体时间，以成都为例，一般2月8日左右就可以施第一次肥。总共不超过三次通用型的肥。在早春，雨水多，阴天多，光照不足，通用型的肥施用过多，植株就会徒长，开花时头重脚轻，会很容易倒伏成"八爪鱼"。

所以我们的施肥原则是春季施肥就是两三次通用型的。除了通用型的肥，还有专用型的肥，比如玫瑰型、绣球型，施一次通用型的肥后，可以换这种专用型肥，有助于它们分化花芽。如果想要花爆盆，一般需要到1/3的花朵都全面展开之后才开始停肥，绣球要到完全绽放才停肥，不然后期的花苞发育不良，上色也不好。

春季施肥不足也是很多花消蕾的一个重要原因，比如茶花、天竺葵，没有足够的

▼春季，给月季施叶面肥

营养来支撑它开那么多的花。所以春季施肥可以勤，甚至每一次浇水，都可以勾兑一点点，比如 1500：1 这个比例，这样植株生长才能足够旺盛。

梅雨季节应该怎么施肥呢？我们可以在雨停的间隙，通过追叶面肥的方式来施肥。

■ 夏季施肥

初夏气温 30℃左右，非常适宜施肥。绝大多数植物长势比较旺，对肥的需求也很旺盛。夏季施肥的原则就是"薄"和"勤"两个字。假设春天的施肥量水肥比是 1000：1，夏季要做到 1200：1 或者 1500：1。

因为高温高湿条件下，如果肥的浓度大，便很容易产生肥害，植株很快就会变成腌黄瓜，而且是不可逆转的，尤其是两广地区，如果温度太高，可以只施叶面肥。总之温度越高，肥的浓度就越小。可以趁下雨降温后，及时补充肥料。另外，雷雨天气也有助于植物对氮元素的吸收。

对于爬藤型的植物来说，夏季可施通用型的肥来促使它藤蔓更长。开花的植物，比如月季、绣球，夏季如果要施肥、追肥的话，要用花卉型的肥。

■ 秋季施肥

秋季是春季之外另一个适宜的生长季，尤其是月季和绣球，秋季是重要的孕育花蕾的季节。海爸说，秋肥是金，冬肥是银，春肥是铜。所以，花园里的乔木等大多数植物，要在秋天施足肥料，一般 8 月 7 日立秋前后，开始逐步给肥，让它在国庆之前孕育好第二年的花芽，尤其是大花绣球等老枝开花的植物，它们第二年的花芽，都是在上一年秋季孕育出来。

秋季施肥，乔木就是在根部厚厚铺设一层有机肥；种球就在表土撒一把缓释肥养球；其他植物比如月季等花灌木，可在 9 月 1 号左右，逐步减少浇水量，喷施磷酸二氢钾液肥，让植物木质化程度更高，"肌肉"更强健，增强抗逆性以抵御寒冬。

■ 冬季施肥

冬季施肥不是重点，主要是修剪和换盆。对于北方地区来说，还需要浇好冻水，准备"猫冬"啦。

3 堆肥——垃圾变宝贝

我们总是羡慕别人家的花园，土壤为什么这么棒呢？植物长得真好，那么多的花。告诉你一个秘密，别人家的花园都在年复一年地使用堆肥，微生物分解后得到的有机质植物最是喜欢。

曾经农村收获之后的稻草麦秆大多都是晒干后一把火烧掉，常常导致空气中烟尘太大；花园里修剪的枯枝败叶都应该归属于垃圾桶，更不用提厨余了……前些天听到成都双流官方讲，光双流区一天要产出 130 吨绿色垃圾，这些垃圾现在的处理方式是燃烧发电，或是填埋。所以，我真心地想，如果我们每个人减少产出垃圾，或者这些垃圾变成可利用的资源，那么社会的负担就会轻很多，空气便好些了吧？

资源的重复利用是每个人的必修课。园艺人有一个简单有效的解决办法：堆肥。

堆肥其实很简单，在花园的不起眼的角落，一个木桶、一个花池甚至一个垃圾桶都可以；当然也有专业的堆肥箱。

有的幼儿园的理想是实现整个园区的有机循环利用，枯叶堆肥改良土质。我特别想每个幼儿园都有 5m² 的地方做一个堆肥区，这也是给娃娃播进一粒环保的种子。

堆肥成功的关键在于碳氮比；简单理解，就是枯枝败叶（碳元素）和绿色新鲜物（氮元素）的比例；不能只是绿叶材料，这样会有大量水分出来，如果光是枯叶倒是可以的，但是腐熟的时间会长达半年；建议一半黄叶子一半绿叶子。

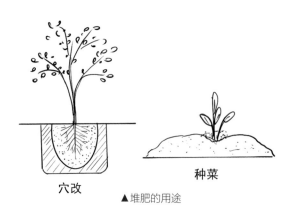

穴改　　　　　种菜

▲ 堆肥的用途

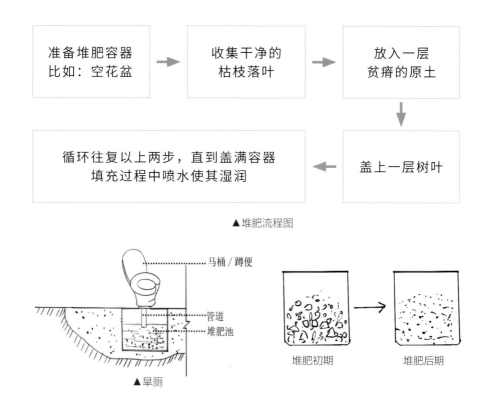

▲堆肥流程图

▲旱厕

堆肥初期　　　　堆肥后期

平衡之道才是自然法则，花园里盛产鲜花也生产残花，鲜花美我们的眼睛，残花堆肥反哺给土地。

划重点：

1 堆肥的原料种类越多，堆出的肥料越好，注意碳氮比（即 1 份枯叶原料，1 份绿叶原料）。

2 翻动堆肥以改善堆肥中空气的流通，堆肥中含有大量的微生物，可以改良土壤环境。

3 如果露天堆肥，便要记得不能放在全日照下面，会把绿叶直接晒干，导致水分不足，堆肥不能降解变成干柴而失败。

4 生病的枝叶，特别是月季叶片和枯枝、绣球有洞的叶片，还有死去的铁线莲和土，不能用于堆肥。堆肥的高温不能完全消除病虫害带来的风险，要谨慎对待。

5 吃过的残汤剩水、泔水不能堆肥，带盐的材料也不行。

6 堆肥箱不用清洗，以免洗掉好不容易形成的菌落群。

园艺基础

4 几种特色堆肥，总有一种让你上头

1 "三明治"堆肥法

原料

大号美植袋,泥土,煮熟的鱼肠、鱼骨头等(鱼肠到菜市场,老板一般会免费送给你),纱布。

三明治堆肥法更适合有庭院或花园的花友，我们推荐冬至以后再做这种堆肥，温度低了，堆肥的味道也不会很大，夏季不推荐做。

三明治堆肥材料主要是鱼肠。用鱼肠堆出来的肥里面钙含量很高，也富含磷钾元素，利于植物长壮实、开花和结果，会使花的颜色会更鲜亮，香味更浓郁；冬季覆盖果树，果实会比用化肥更甜，更有风味。

冬季换盆、覆土、土壤改良都可以使用三明治堆肥。用堆肥 1 份，基质 10 份，混匀使用，也可以和缓释肥、骨粉等混合一起使用。

制作步骤

①在美植袋底部铺 5cm 泥土，覆盖 10cm 煮熟的鱼肠，再覆盖 5cm 泥土，再覆盖 10cm 的鱼肠，再覆盖 5cm 泥土，最后把熟鱼肠的汤汁全倒上去。

② 盖上纱布以防蚊虫产卵，不用完全密封，有氧更有利于发酵成熟。

③ 冬天一个月左右即可（北方需放在冷室发酵），以无明显气味为准。其间隔两天去摸一下表面土温，如果太干就要浇一些水，加速发酵。

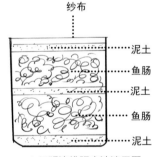

▲三明治堆肥方法演示图

注意：1. 很多花友会在冬季直接挖坑埋生鱼肠，这种方式不太可取，因为生鱼肠里面有线虫，会危害植株，也有可能被流浪野猫捞起来，场面非常不好看。

2. 煮鱼肠时不要用炒菜的锅，别忘了开窗，全程戴口罩，因为气味实在太酸爽，别怪我没提醒你。

2 "鱼肠神仙水"

原材料

鱼肠鱼骨或狗粪、羊粪蛋蛋等动物粪便都可以（你们这些"铲屎官"这下满足了，富得流油材料用不完呀）。

前方高能，有人想用猫屎，强烈不建议！原材料里尽量不要含有脂肪（鱼肚子里有大油也不行）！

容器

最好选择广口玻璃瓶（6L左右），一般菜市场可以买到，下面有个水龙头，可以直接放水出来。

红糖

选择菜市场最便宜、最普通的红糖即可，它主要是提供微生物的能量，有利于益生菌快速生长。

EM菌原液

提供高密度的EM活体益生菌，这是分解材料最关键的东西。

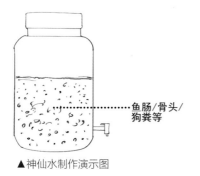
鱼肠/骨头/狗粪等

▲神仙水制作演示图

制作步骤

① 在瓶子里放入 2/3 的原料如鱼肠等，再放入 500g 左右红糖，放入 1 瓶 EM 菌原液，注意不要把整个瓶子装满，要预留 1/5 左右的空间，让 EM 菌呼吸。

② 瓶口用纱布盖住，阻止蚊虫进去产卵，注意瓶口不要密封，EM 菌需要有氧呼吸。

③ 当瓶子里只有少量固体物、底部有少量沉淀，此时可以密封盖子。一般夏季温度高，一周左右就可以使用，冬天一个月就能使用。

做好后瓶子放在阳台的角落即可，通常温度越高分解越快，全年均可制作。成熟液肥表面如果有明显的油，则需用吸油纸吸一下，避免油脂浇在花里造成闷土。经过测试，也可直接捞出来施肥，可以给一些不怕油的植物，如昙花。

熟的液肥没有异味，仅有点鱼腥（类同活鱼），含磷量高利于促花，几乎所有植物都能使用。使用时按 400:1 的比例兑水稀释使用，根灌和喷叶面均可，一周一次，注意宁稀勿浓，避免烧苗。5L 的堆肥液，如果稀释 400 倍，相当于有 2000L 营养液，一般家庭小阳台半年也用不完。

3 饼肥发酵液肥

用饼肥发酵的液体肥料，很适合楼顶花园。它也会使开花更旺盛，结果更甜。用400：1的比例来兑水使用就可以了。

容器：陶罐或釉罐。

材料：水、纱布、饼肥（油菜、花生、芝麻等榨完油后的材料渣）。

制作步骤：非常简单，就把饼肥放在罐子里，然后加一半水，封上透气的纱布，完事，其他就交给时间。

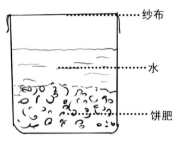

纱布

水

饼肥

▲饼肥制作演示图

有的花友直接把饼肥埋在根部，这方法我也干过，不行，因为这样为金龟子的幼虫（俗称老母虫）提供了食物和生存天堂，我的一棵月季就是这样被祸害死的，挖出来一看，里面有超过50只老母虫。

4 蚯蚓塔堆肥

蚯蚓被誉为有益菌培养皿，蚯蚓体内的有益菌是体外土壤里的1000多倍，是土壤改良提速的好手，环保无污染，生态又健康。我们可以建一个蚯蚓塔堆肥。

做法非常简单：一个上下通透的容器，埋进土里的那一半打很多孔，方便"食客们"进出。果皮菜叶等厨余都可以往里放，容器上面加层纱布，盖上就完事了。

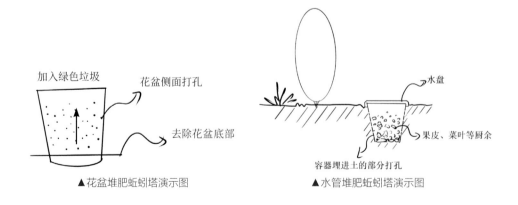

加入绿色垃圾　　花盆侧面打孔

去除花盆底部

▲花盆堆肥蚯蚓塔演示图

水盘

果皮、菜叶等厨余

容器埋进土的部分打孔

▲水管堆肥蚯蚓塔演示图

Q&A 关于堆肥的花友问答

Q&A：哪些东西可以用来堆肥？

A：大多数可降解的垃圾，例如报纸、木棍、擦过嘴的卫生纸、干枯的枝条和木屑、枯黄的叶片等，甚至没吃完的米饭（封闭堆肥箱可以用，不然要引来老鼠）；还有就是绿色叶子，例如修剪掉的草坪、枝条以及菜帮子、果皮等。

Q&A：用什么样的堆肥箱？

A：可以买封闭式的堆肥箱，从几百元到四五千元不等，大小各异，网上搜堆肥箱，然后选择合适自己的大小。阳台的话首先考虑要小，而且还要密封性好；也可以用旧木板自己DIY，中间要有缝，让空气进去。

Q&A：堆肥会臭吗？

A：会有气味，这取决于你堆肥的材料，我亲自闻过用虾和蟹壳做的堆肥，那酸爽不敢相信啊，所以建议不要在堆肥里添加荤的东西。

堆肥通常会在打开盖子的一瞬间窜出一股霉味儿，几分钟后便消散了。当然如果有人喜欢在堆肥里添加童子尿和狗屎的，就另当别论了，这个我也是不建议的，别问为什么，因为我干过，相当不好的体验！

Q&A：堆肥会长虫吗？

A：会长，但不用担心，各种昆虫会加速分解垃圾，从而形成更好的堆肥。其实昆虫80%左右都是益虫！

Q&A：堆肥应该怎么用？

A：针对半熟的堆肥，就是变黑了，粗的还没有变细的样子，可以当成覆盖物，盖在植物根部裸露的泥土上面，可以减少杂草的滋生，亦可保持土壤的肥力和湿度。大概一个月左右粗秆便会和泥土混为一体了。

Q&A：堆肥的方法？

A：大家总归是要丢垃圾的吧！就是把垃圾分个类，像丢垃圾一样丢进堆肥箱，半个月左右去翻一下，像炒菜一样，让氧气进入。

一张我种在"海蒂和噜噜的花园"小院里的"苹果花"，我实验的，仅在冬天盖了5cm的堆肥，看看开了多少花！

▼用堆肥种的海蒂花园的'苹果花'月季

08

病虫害

正确、科学、有度地使用药剂

自然界中的万事万物，它存在总有它的道理，细菌、真菌、昆虫……每一种由它们导致的病害、虫害，都有它存在的意义。园艺植物是人培养出来的，它的抗性没办法像野生植物那么强，也没办法像在森林里的植物一样和其他物种相生相克，最终达到和谐。所以，我们才会想尽一切办法要去应对病虫害。

我以前特别讨厌用药，特别想倡导大家建一座生态的花园，可以吃，可以观赏，没有药剂。植物、昆虫、人、动物共享花园。但大部分人都没有条件去做一个纯粹的生态花园。第一是因为它要求有一定的体量，第二是要求物种要多样，植物种类不可以单一，所以在有限空间里面实现非常难。

后来有一次跟一位农业领域的专家聊天，他说科学地使用药剂，是没问题的。药剂带来了农业生产本质的发展，药剂技术是农业科技进步的体现。他特别不主张过分推广有机农业，因为有机农业就是奢侈品，有机作物的产出是我们使用化肥和药剂作物产出的1/10，但卖的价钱却是普通食物的好几倍。人类从诞生开始，就是在荆棘之中刨食的，在有限的耕地里，我们应该尽量提高产出，这样才能养活地球上不断增加的人口。

我以前总是认为完全生态、完全绿色是我们生活最好的一种方式，听了这位专家的话，想到现在依然面临的世界粮食危机，我现在由衷地认为，我们不应该排斥药剂，应该倡导大众如何正确、科学、有度地使用药剂，尽可能降低使用药剂对环境和生态的影响，才是合适的选择。

下面我以月季为例，讲讲花园常见的几种植物病虫害。为什么选择月季为例子呢？

有一次我去参观法国的一个葡萄庄园，苗圃所有的葡萄树前面都会有整排整行的月季，我很纳闷，他解释说，月季是葡萄病害的预警植物，因为葡萄是很容易感病的植物，月季在葡萄感病之前就开始，所以通过月季感病可及时预防葡萄的病害。

月季是一种特别容易感病的植物，一般花园里的病虫害，它都逃不过。哎，真的好心疼月季呀，它颜值那么高，却那么勤奋，一年四季都在忙着开花，但2/3的时间都在被修剪，它馨香馥郁，却又无毒……就这样还被酒庄老板当作先锋预警植物。花友们不宠它，简直没天理呀。

划重点

冬季清园是预防病害的最重要方式，常用药剂为石硫合剂和矿物油。

1.适用植物：没有明显芽点的月季、铁线莲、落叶果树等冬季落叶植物。

注意：绣球、茶花等冬季芽点饱满或有花苞的植物，或角堇、姬小菊等富有生机的当季开花植物，不能用！

2.使用气温：建议在白天气温为10℃左右时使用，气温达32℃以上时慎用，气温达38℃时禁用。

3.稀释浓度：根据说明书来配比。

4.植株、花盆、地面、土表等全面喷施，不留死角。

5.使用时注意个人防护，避免直接接触药液灼伤。

月季常见病害

白粉病

病害类型　真菌性。

危害状　主要危害叶片、叶柄、嫩梢和花蕾。嫩叶染病，叶片上生褪绿黄斑，逐渐扩大，叶缘不明显，叶片正反面产生白色粉斑。若成叶染病，则生成不规则粉状霉斑。

诱发原因　空气干燥，通风、光照不良，偏施氮肥的环境。

高发时期　早春、秋季。

不用药方案　用透明塑料罩着枝叶，让气温升高，可以杀灭白粉病菌。

用药方案　露娜森（12~13ml兑水15L，整株喷施），千百季好青闲（1粒胶囊兑水500ml，整株喷施）。

黑斑病

病害类型　真菌性。

危害状　月季叶片、嫩枝和花梗均可发生。叶部病斑初为紫褐色至褐色小点，后扩散成黑色或深褐色圆点状病斑。严重时叶片干枯脱落。

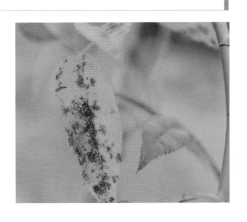

诱发原因　主要借风雨传播，多雨、多雾、多露天气以及温度高于26℃易于发病。其孢子一般在枯枝落叶和土壤表面，每当下雨时，雨水滴打在泥土表面，孢子随泥土一起溅到月季底部的叶片被感染。

高发时期　雨季。

不用药方案　盆栽月季可以抬高花盆，避免病菌随雨水溅到叶片上；摘掉近地面20cm的叶片（限大苗），低矮月季摘除5cm以下的叶片，切断叶片和地面病菌的联系。冬天换土，覆盖5cm的基质，隔离土壤表层的菌源。

用药方案　在雨季前提前打药预防，雨水结束之后，再打一次药杀菌。药剂推荐：醚菌酯、世高、千百季好青闲。

霜霉病

病害类型 真菌性。

危害状 对植株嫩枝、嫩叶和花苞危害严重，叶片上出现不规则的红色或者红褐色的小斑块，偶尔斑块会出现溃疡状，叶背可看到毛绒状的霜霉层。病叶易脱落，严重时枝条枯死，是月季头号"杀手"。

诱发原因 黄色系月季最易发病；低温高湿、通风不好，氮肥施用过多时，发病速度快。

高发时期 秋季至春季（冬季气温低于5℃病菌停止生长）。

不用药方案 湿度过高、通风光照不足，氮肥过多都容易滋生霜霉病。氮肥不宜过多，避免植株徒长、嫩叶过多。注意植株通风，控制浇水，降低空气湿度，及时清除病叶残叶。

用药方案 银法利，15ml兑水15L整株喷施，多施磷钾肥提高植株抗性。

注：银法利是霜霉病的特效杀菌剂，持效期长，用药注意，早发早治疗；不能与铜制剂混用。

灰霉病

病害类型 真菌性。

危害状 主要危害植株嫩枝、花苞和花瓣，叶片基部和嫩枝的中上部突然出现溃疡，且溃疡的地方很快长出灰色病菌孢子，溃疡部分枝条萎蔫死亡。

诱发原因 低温高湿。

高发时期 早春或冬季。

不用药方案 温度过低、湿度过大、通风光照不良都容易引发灰霉病。适当增加磷钾肥，增强月季的抗病力。平时养护注意加强通风，保持环境干燥；出现异常病叶，及时剪除残花、清理枯叶落叶。

用药方案 露娜森作为广谱杀菌剂，通过抑制琥珀酸活性酶活性从而抑制病原菌线粒体产生能量，从而"饿死"病菌。该药能防治大多数高等真菌的病害，对白粉病、黑斑病有特效，治疗灰霉病，需加大用量到1500倍液。

用药注意 病害初期，7~10天喷1次，连用两次；不能与乳油、有机硅助剂混用。

疫病

病害类型 真菌性。

危害状 水浸状，病斑周围有浅鲜色晕圈。

诱发原因 多发于换季温差较大时，人容易感冒时，就要注意预防疫病。

高发时期 春季、夏季、秋季。

不用药方案 种植'金丝雀'月季作为预警植物。

用药方案 可用下列药剂防治

①先正达世高

②扑海因

③杀毒矾

④早疫病可用千百季好青闲。

病毒病

病害类型 病毒性。

危害状 病毒病一般表现为全株性的花叶，矮化和畸形，整个植株萎靡不振，停止生长，发的芽卷曲。

诱发原因 蚜虫、飞虱、蓟马等高发时。

高发时期 早春、夏季、秋季。

不用药方案 以预防为主。蚜虫是传播病毒病是很重要的一个媒介，冬季植物应该彻底地控制一次蚜虫。蚜虫是一个极其变态的物种，它的卵藏在芽鞘里面，早春的时候，许多植物还没有开始发芽，它就开始繁殖生育了，所以控制蚜虫是预防病毒病的重要手段。

用药注意 用氨基寡糖素来解毒。

月季常见虫害

蓟马

形态特征 幼虫呈白色、黄色或橘色，成虫则呈棕色或黑色。

危害状 主要在花中和嫩叶背面吸食汁液。导致叶片变形卷曲，花苞出现灰白色或褐色斑点，严重时导致叶片变黄，花苞失色变色。

高发原因 新枝大量生长期易发生。

高发时期 春季最盛，其他季节也有。

不用药方案 蓟马趋蓝，出现少量可挂蓝色粘板诱杀成虫，粘板与植株持平。

用药方案 蓟马惧光，常在早上或傍晚活动，建议下午用药，杀蓟马可使用啶虫脒，呋虫胺等药物。

蚜虫

形态特征 分有翅、无翅两种，身体半透明，大部分是绿色或者白色。

危害状 刺吸植物的汁液，造成叶面卷缩，嫩茎扭曲，生长点坏死，同时，还能传播多种病毒病，造成植株生长缓慢、叶片黄化、变形，造成更严重危害。

高发原因 新枝大量生长期易发生。

高发时期 早春。

不用药方案 第一，用高压水枪猛冲；第二，以虫治虫，可以放生瓢虫吃蚜虫；第三，种一些蚜虫超级喜欢的植物比如菊花、绣线菊等。绣线菊招蚜虫，但是蚜虫却对它的生长不造成威胁；第四，蚜虫趋黄，出现少量可挂黄板诱杀。

用药方案 可用吡虫啉一类药物、京博杀虫组合5号。

红蜘蛛

形态特征 虫体非常小，有红色、白色、浅黄色的。

危害状 一般在叶背危害，严重时可危害叶片正面并结网，一般先危害植株下部叶片，逐渐向上部扩展。

高发原因 温暖干燥的环境。

高发时期 5~10月。

不用药方案 在早晨或傍晚往叶片背面喷水，增加环境湿度，冲刷红蜘蛛及虫卵，及时清理盆内杂草。

用药方案 红蜘蛛不同生长阶段要用不同的药。建议用复配的针对红蜘蛛各个阶段的药如红杀和比较全面的单一成分的药如联苯肼酯。红蜘蛛繁殖能力很强，3天即可完成繁殖周期，因此在打药时，需3天一次，连续3次。整株喷透药物，先喷叶片背面，再喷叶片正面。

白粉虱

形态特征 虫体大量聚集于叶面，看起来像是密密麻麻的小白点。

危害状 主要在叶片背面吮吸汁液，导致叶片发黄萎蔫。

高发原因 初夏多雨、盛夏干旱。

高发时期 夏季。

不用药方案 黄板诱杀。

用药方案 用吡虫啉、京博5号喷透整株。

介壳虫

形态特征 外有蜡质介壳包裹，在月季茎秆上，不走也不怎么动，密密麻麻，会在五六月羽化交配。

危害状 主要密集在老枝上吸食植株汁液，导致叶片发黄、枝梢枯萎，植株生长不良。

高发原因 不通风环境。

高发时期 夏季、秋季、冬季。

不用药方案 牙刷蘸上酒精刷虫枝。

用药方案 在每年的五月打药才有效，药名：特福力。

蝶蛾类青虫

形态特征 可理解为各类毛毛虫、小青虫。

危害状 各种蝴蝶、蛾类的幼虫，主要啃食植株嫩枝、嫩叶、花苞，严重时整株叶片、花苞被吃光。

高发原因 自然生长。

高发时期 夏季、秋季。

不用药方案 早起发现时，手动捉虫。

用药注意 可使用金保尔（甲维·虫酰肼），三除（甲维·氯氰）等药物。

潜叶蝇

形态特征　其体长 4～6mm，灰褐色；卵呈白色，椭圆形。

危害状　幼虫钻入叶片内潜食叶肉，导致叶片出现不规则白色条斑，并逐渐枯黄。严重时植株叶黄脱落，甚至死苗。

高发原因　自然生长。

高发时期　春季、夏季、秋季。

不用药方案　或用黄板诱杀。

用药方案　可用潜克灭蝇胺。

茎蜂

形态特征　成虫为黑色，体形细长。常在一根嫩梢上逐一产卵，10 天左右即可孵化。

危害状　幼虫主要钻蛀在嫩枝中吸食汁液，导致枝条突然萎蔫，甚至干枯死亡。

高发原因　自然生长。

高发时期　早春高发，夏季偶发。

不用药方案　春季施肥注意控制氮肥含量，以免氮肥过高，枝条徒长，嫩枝增多；在高发季节勤加观察，一旦发现萎蔫枝条，立即向下剪除，直至找出幼虫；同时也可挂黄板诱杀。

用药注意　可在土里定期加呋虫胺进行预防。

09

园艺工具

适合自己的工具，就是最好的

作为不断在花园里修修剪剪，永远都停不下来的种花人，一套称手的园艺工具，能让在花园工作时的幸福感提升不少。

和植物的挑选一样，工具也没有最好的，只有适合自己的。本节我们总结了不同种类园艺工具的特性和用途，包含花盆、剪刀、浇水工具和铲子，帮助你更好地选择。

◀ 1.耙子 2.球根种植器 3.手铲

花盆

① 塑料加仑盆

② 塑料青山盆

③ ~⑥ 树脂盆

⑦ ~⑧ 陶盆

⑨ 椰丝吊盆

⑩ 水养盆

⑪ 陶瓷盆

⑫ 水泥花盆

⑬ 紫砂盆

⑭ 铁艺盆

浇水工具

①② 水管枪　③ 可推拉气压式喷雾器　④ 水管车　⑤ 花洒水壶

⑥ 气压式喷壶 ⑦ 细嘴浇水壶

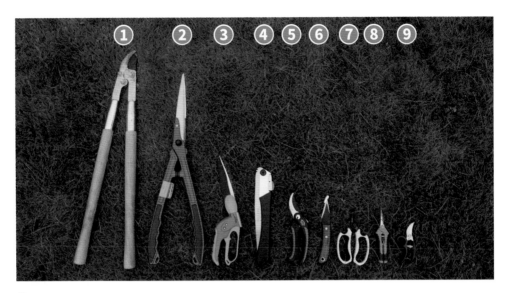

剪刀

① 粗枝剪 ② 绿篱剪 ③ 草坪剪 ④ 园艺手锯 ⑤ 园艺枝剪 ⑥ 嫁接刀 ⑦ 花艺剪

⑧ 修枝剪 ⑨ 迷你修枝剪

其他工具

① 耙子 ② 五合一手工具 ③ 三爪 ④ 手铲 ⑤ 手叉

市场常见花盆类型及特点

花盆种类	优势	劣势	适合栽种植物
陶盆	透水透气、简洁美观	花盆重、保水性弱	适合大多数植物，如绿植、球根植物、多肉等
塑料盆	材质轻、价格便宜、排水性好	透气性稍差	适合大多数植物
陶瓷盆	样式多	透气性差	常做套盆，耐涝，植物不易烂根
铁艺花盆	材质相对轻、价格便宜、耐用	透气性差、导热快	做套盆，或种容易养的植物，例如多肉、虎皮兰等沙生植物
树脂盆	材质轻、价格便宜、排水性好，美观	透气性差	适合大多数植物
水泥花盆	有工业风质感	材质重、透水性一般	大型落地盆栽，如琴叶榕、龟背竹、春羽等
木质花盆	透气性好、夏季导热慢	容易腐朽	组合花箱，例如月季、姬小菊、毛地黄等
椰丝吊盆	透气性好、价格便宜	保水性差	种垂吊型草花，例如矮牵牛、香雪球、旱金莲等
美植袋	透水透气、成本低、换盆方便	保水性差、不美观	暂时假植的植物
紫砂盆	透气性好、不易积水、根系生长空间大，美观	价格相对高	兰花、盆景等
水养盆	造型多样		碗莲、睡莲、铜钱草等

常用园艺剪刀类型及特点

剪刀种类	用途
花枝剪	修剪月季、绣球、花灌木等植物的花朵、叶片、枝条、根系等
修枝剪	修剪月季、绣球、花灌木等植物的木质化枝条
绿篱剪	用于结构性植物的修剪整形，比如冬青、女贞、松柏等
粗枝剪	修剪乔木的枝干
花草剪	修剪草花等植物的细软枝条和叶片、残花

常用园艺浇水工具及特点

浇水工具种类	用途
细嘴壶	适用于盆栽植物和不能被淋水的植物，比如第一年栽种的朱顶红、正在开花的球菊等
花洒壶	适用于盆栽植物，模仿下雨时的水滴状态，不易将土冲走，新手适合
喷壶	适用于喷洒叶面肥、药剂，冲刷叶片上的红蜘蛛等
水管车	水管的卷线器，方便收纳和移动
水管枪	可连接水管实现庭院、阳台和楼顶花池的浇水
高压水管枪	可用于栽种环境和花盆表面的冲刷，还可以用来冲洗介壳虫、红蜘蛛，给栽种环境快速降温
多功能花洒	可连接水管，变化水流大小和程度，实现多种浇水形式
电动喷雾器	常用于庭院、苗圃或植物较多的开放环境使用，可用于打药、施肥

卷贰

植物

植物，花园的灵魂

前天，我正在和同事商量确定一个标识，我们在犹豫选择什么样的绿，绿色系有深深浅浅、各种不一样情绪的绿，我说选一个能代表着新生的绿。我们一致觉得，刚刚发芽的百合，破土而出，最开始进行光合作用的那一抹绿，绿中带一点浅黄，是最打动人的绿，这就是我心目中的新芽绿。

我刚在电脑上放大那张新芽绿的照片，突然我的手机弹出一条消息，成都解封了。因为疫情，我们已经被封在基地15天了。很难表达我当时的心情，突然觉得冥冥之中，这两件事好像有联系。新生的绿挣脱了困境，就这样展开了。

现在有一些花园设计，里面的植物很少，甚至有的花园一株植物都没有，由水、木、石设计而成一个硬质的花园。植物被设定成是一种软装，设计师对植物的要求是硬挺、常绿、好打理等。

这当然也无可厚非。

我家的花园由我和海爸两人设计和栽种，起初他每天早上六点起床挖土，晚上回家再挖半小时，满身大汗，未免抱怨，好累啊！手上都是泡，不想干了！

我说：你想想，你今年50岁了，第一次能有这样方寸之地属于自己，可以造一座花园，种下你喜欢的植物，挖土和栽种这是你努力几十年才得到的，要享受它！

于是我们花了两年造花园，每一株植物都去精心挑选，改良每一个种植穴。

海爸还在挖出混凝土最多的地方，因地制宜造了一座小池，今天是10月7日，小池的荷花上依然有红蜻蜓立上头。他常坐在小池静静地看荷叶与小红鱼，我也带孩子们去看鱼戏莲叶间，教她们体会诗歌中描述的浪漫场景。

我想，如果把花园全部硬化，便会错失这样与植物对话的机会吧。

植物是当之无愧的花园的主角。花园从基础建设开始，道路规划、排水、休闲区设定、铺装方式、土壤的改良等等，一切的设计，都是围绕着植物生长的本身来做的设定。植物是花园一个流动的活体雕塑，又像是一条江、一条小溪，或者像波涛在流淌。我们人通过它，感知动力和生命力，感知它的芽在萌动，叶在使劲吸收能量，像工厂一样生

▲刚刚发芽的百合

产出我们不可缺少的给养，开花的时候它们说情话，遭遇逆境时的奋力呼救和挣扎……

　　花园只要有了植物，才有生机。细菌、真菌、昆虫、鸟儿，还有其他小动物，从而才能形成一个生态的有机体。

　　植物如此多，我们该如何选择合适的植物呢？如何栽种它们呢？很多人对此特别没有信心，甚至是恐惧的，总是认为自己的手好像有毒似的，什么都种不好。我觉得，最大的问题点在于，你常常只管一厢情愿地自己喜欢，喜欢它漂亮，种！喜欢它独特，种！我觉得它渴了，浇水，我觉得它缺肥了，施肥！我们很盲目地对它尽心对它好，却不管它喜不喜欢。

　　所以，在栽种植物之前，首先要了解它的脾性，考虑到自己的栽种环境与它的个性的匹配度。它的个性就是前面基础部分提过的内容点，光、风、温、水、土、肥，就是这些核心的要素，能够适合它，这样它就会很舒服地生长。

　　这个部分，我会带着大家把在我们居家环境就能够实现的包括乔木、灌木、结构性植物、宿根植物、水生植物、攀缘植物等，甚至香草、蔬菜，详细介绍一遍，希望能够帮助大家更好地去享受到园艺带来的快乐。

01

乔木

乔木，花园的"主心骨"

说到乔木，不是学植物学的人，可能有点懵，什么是乔木？简单说其实就是我们常说的树，能够长高长大的树。

我去英国希德寇特（Hidcote）花园很多次，印象最深刻的是那里的一棵大树，我坐在那棵树下的长椅上休息的时候，瞬间就能够感受到它的力量，那么的雄伟和厚重，让人感到无比平静，却又充满无限生机。

在"海蒂和噜噜的花园"，有一棵鸡爪槭，原本不是想种在这里的，但是在运输途中土球要散掉，不得已就近种到了现在的位置，结果它现在成了整个花园的焦点和主角。在夏天，即使气温高达40℃，你在它下面都待得住，好似有习习凉风从枝叶间渗透过来。

所以，但凡花园稍微有点空间，我都劝大家尽量考虑种一棵树。树是一个花园的"主心骨"，是精神力量的标志。它挺拔、不惧风霜，适于你家的环境，扎根于你的土壤，顶天立地，跟着你一起成长，给你蓬勃的精神力量。我家乡的老房子边种有一棵大柏树，是我出生那年种下的，小时候我经常去摇动它，小伙伴们告诉我每天去摇树，这样几十年树长大，我的力气随之长大，就会成为武林高手。

今年回老家，那棵四十多岁的树，一个人竟抱都抱不过来，更别提去摇动它了。

那花园里该栽什么树呢？多大的树？首先你要判定一下整个花园的大小，我们一般的环境种不了真正的大树，就是"大乔"，比如银杏、桉树、黄葛树等，它们能长到10m以上，小花园的空间基本住不下。我建议种"二乔"，就是高度6m以内的乔木，我下面捋的清单，也基本上是这种类型的。

栽种的种类，主要考虑它的花期。如果树的花期和主人的生日吻合，那将会是特别浪漫的事情。比如家里有中秋节的生日，你可以为他种一棵桂花……一家人在开满花的树下切蛋糕，围着树嬉戏，还有什么比这更温馨的场景呢？很多人都让自己的孩子，在特殊的日子，亲手栽种一棵小树，陪伴他（她）成长。

如果你没有那么大的空间，也不要紧，那就和孩子从播种开始。每一棵树都是从种子开始长大的。播下种子，生根发芽，随着它慢慢长大，给它换大一些的花盆。每换一次盆，意味着它就长大一截，然后长成一棵小树，它的枝叶伸展到阳台外面，随风摇曳，你一样会享受到它给你的美，给你的精神力量。

1 乔木栽种要点

1 买树诀窍——要买"熟货"

一棵树栽种是否成功主要看须根够不够。假设我们要种一棵树，这棵树一定要是"熟货"。所谓"熟货"就是提前一年在地里斩过它粗大的侧根，只保留钻地最深的主根，一年后，侧根周围都长了密密麻麻的须根，这时候再斩主根进行移栽便是"熟货"了。

移栽的时候，有密密麻麻的须根包裹住土球，土球就不会散，须根也会尽快吸收水分，来支持树冠对水的需要，就不用过度修枝"砍头"、只留一根光杆子了。长在石头山上的树，叫"山货"，要想移栽成活的话，要提前三年做这个工作。另外一点，就是一些胸径30~50cm 的大树，要提前收缩冠幅，不然冠幅过散，不利运输。我们买树的时候，不要仅看它的冠幅是不是大，花是不是好，而在于它的须根活性好不好，有没有沤着，移栽后对环境的适应性好不好，然后再看叶和芽的活性好不好。

主根
须根

▲乔木熟货

2 栽植方法

首先挖大于它土球两倍的种植穴，注意挖深一些，再在底部填一些土。

然后将树放进去，再填上混合了有机质的土，有机质更有利于生根快。注意让土球稍微冒高一点点，否则积水容易沤根。但是北方地区因为太干燥，反而要栽深一点，把土球全埋在土里面。

最后浇水。这也是容易导致栽种失败的环节之一。很多人喜欢先把种植穴灌水打湿再栽，但其实这样是不提倡的，泥浆容易糊在根上不透气。应该干栽浇水，这样土球的土和新环境的土能够有机地融合在一起。种好后围着种植穴扒一个环形池，像水洼一样，然后往里面灌水，让水慢慢渗透下去，连续灌三洼水，这样保证土球完全渗透，和新的环境融在一起。

因为栽种时，土球处于半干状态，含水量不高，所以栽好后一定要给它浇透定根水。

所有的植物，特别是乔木，一定要考虑到根冠比，根冠比合适，它就不会倒伏。

3 栽植时间及形式

多数的落叶乔木可以早春栽种，尤其是北方地区。常绿乔木反而初夏移栽比较合适，例如栀子花、竹子、黄葛兰，冬季移栽很难成活。

另外一个适宜的栽种季节便是秋季。比如现在九十月的成都，是中华木绣球挖起米换盆长须根的好季节。

尽量不要在暴雨天去栽种乔木，因为暴雨会让土变成泥浆，全部糊在植物的根系上，使其根系不透气容易沤着。

所有的树都有正面和反面，朝着南面茂密，北面稍微稀疏。栽种时一定要注意把观赏性最好的一面朝向我们可以观赏它的位置。

树可以直着栽，也可以各种的角度倾斜栽。比如水池边，可以形成一种悬崖的姿态，想想黄山那些松柏的姿态，我们也可以人工干预把这个植株放斜一点，模仿出那种效果。也可以两棵树相对斜着栽种，用树的冠幅形成一个树拱门，当树开花的时候经过，就像是经过一个花拱门，是不是很浪漫？

4 后期养护

乔木全年管理中要注意观察，尤其是夏季观察乔木的虫害。一些没有毒的树，虫害是非常严峻的。其实叶长虫不害怕，有鸟收拾，怕的是钻蛀性害虫。一旦发现树干上有虫屎粉末或一小堆木屑就意味有蛀虫了，就从虫眼推进去杀虫剂，然后用泥巴糊着裹上保鲜膜，大约两天之内，这个虫子就会变成这棵树的肥料了。

你说太残忍了，那换个方式，就是在冬季，用涂白剂（石硫合剂 + 石灰）从树底下往上涂 1m，可以防虫害。

另外要注意的是，秋冬观花的植物要用配方土或者堆肥做一层厚厚的覆盖，并且要挖松表面土壤至少 5cm，这样来年浇水和下雨，才能渗透下去，保持整个土壤的疏松度。平时尽量少去踩土壤。

一般说来，乔木的整形修剪是花后即刻修剪，这样它才有足够的时间发新枝。而不是等到它花期前修剪，结果当年一朵花都没得看。

在北方还要考虑乔木过冬的保护，比如搭一个小帐篷，或者给树干包草席等。

▲乔木栽种流程

植　物

2 适合花园栽种的观赏乔木

如果你愿意每天早上被鸟叫着起床，那你试试看栽种一棵树吧。

鸡爪槭

早春的新芽绿是它的观赏特色，十一十二月满树秋色、层林红，非常美丽。鸡爪槭蓬口大，圆润，很适合作花园的主树。

栽培时一是避风栽种，不要种在风口；二是避免暴晒产生灼伤，最好种在大乔的旁边，它很享受"大树底下好乘凉"的感觉，所以不太适合栽种在楼顶和暴晒的地方；三是不要栽种过大的植株，从小一点的苗培养，这样它的根和冠幅能够完美匹配，叶片的含水率高，就不容易被太阳晒焦。过大的植株须根不够，叶片容易卷曲，缓苗就需要两三年。一般家庭栽种在胸径 8cm 左右就足够了。

樱花

樱花品种很多，比如日本樱花，有早樱、晚樱、垂枝樱等，但樱花花期太短，就是一瞬间的美好，不超过一周，然后是整个静默期，其他季节叶片和姿态都不是特别美，如果你栽种一定要有心理准备。

梅花

我国传统名花。梅花在冬季和早春开花，耐寒性好，开花时满树红花，缺点和樱花是一样的，花期实在太短。你要是在春天外出几天回来，你会发现满树的叶子，花已经化为春泥了。

中华木绣球

我常用它作花园的主树。从早春三月的抹茶绿开始，到 4 月中旬持续有花看，从每一天的花苞鼓胀，慢慢地从深绿，变成抹茶绿、淡绿，然后逐步变白，花瓣伸展的过程，就是春天的美，非常有诗意。让我想起席慕蓉的一首诗《一棵开花的树》。中华木绣球的美，很少有人能够抗拒。

天津以南的地方都可以栽种，但在广东广西地区有不能顺利春化而不能开花的风险。注意从 5 月开始以后就不再对它进行修剪，因为 5 月后它就开始孕育花蕾了。冬季不可以用石硫合剂，因为它对强碱敏感。

玉兰

玉兰是我国的传统名花，品种、花色都很丰富，带香味的、不带香味的，各式各样

▶中华木绣球

的都有。注意稍微大一点时，一定要支撑，不然很容易被风刮倒。

欧洲木绣球

对比中华木绣球，欧洲木绣球的花更小一些，耐寒性更高，能耐 -30℃。其他习性和栽种方法同中华木绣球。常见于北方，非常适合北方的花园栽种。

海棠

中国传统名花。海棠自古以来都被认为是高品格的一种花，咏海棠的诗词和画作非常多。在北方早春，还有叫卖海棠花的传统，曲水流觞用海棠插花。

海棠品种特别多，垂枝海棠、西府海棠，开花的时候粉得像霞。栽种比樱花更容易。缺点也是花期短暂，但相比樱花，海棠还可以观果。

黄葛兰

提到黄葛兰，就会联想到穿着白衣服的老奶奶，饭盒上摆着整齐的黄葛兰花朵售卖，戴在胸前，可以一直清香，那是专属夏天的芳香记忆，花期非常长。

黄葛兰比较适合栽种在花盆里，常见的有 32cm 的花盆，黄葛兰可以开一整年。但它不耐寒，低于 5℃ 就需要做保护。

紫叶李

开花时如梦如幻，只想马上买回家，而且非常皮实，像'染井吉野'，常用于行道树。花后叶子是紫色的，还会结出紫色的李子。但体量大，也不太适合小花园。

柳树

柳树写上榜的原因是因为孩子们的启蒙诗，"二月春风似剪刀"，在春天来临的时候，总是不自觉地去寻觅二月春风的剪刀柳叶。它的新芽，以及随着春风摇曳的飘逸，都很让人着迷。但也有很多人觉得柳枝飘摇的样子像挥手告别，所以不太愿意在家庭栽种。柳树特别适合栽种在水池边。有一个品种叫'彩叶杞柳'，它可以栽种在极其耐阴的环境里，同时因为它的新叶有光感，所以可以做成"棒棒糖"，使之成为焦点。

桂花

中秋节观赏的名花，也是中国十大名花之一，品种有丹桂、金桂、银桂。家庭种桂花，因为叶片太密，树下基本无法栽种其他植物，而且体量偏大，适合大一些的庭院栽种。需要修剪，全年两次。家庭可以试试'日香桂'，盆栽也可以有很好的表现。全年可以开花 260 天左右，它的花虽然少，但是它的香味却是持续的。

紫薇

紫薇有"紫气东来"的寓意，很多别墅庭院用紫薇作为大门口的景观树，满树繁花，紫薇一定注意在冬季要对嫩梢修剪一次，第二年的花量才多。因为容易生毛毛虫，不建议栽种在很狭窄的路边，以免孩子不注意的时候掉在身上。

茶花

冬季寒冷时开花，但在露天 -5℃很难存活。北方可以在室内、温室种植一些嫁接的园艺品种，春节前就可以看花。

在夏天一定记得疏蕾，做计划生育，只留大花蕾，不然能量支撑不了所有的花蕾绽放。

银叶金合欢

冬天也是欣赏银叶金合欢的季节。春节期间满树繁花，叶片全年带有尤加利以及橄榄树的那种蓝色和银色，也适合在阳台空间小花盆里栽种，耐反复修剪，所以也利于造型。地栽长势很疯狂，要栽种小苗，因为它长势实在太旺，所以一定要有足够的须根抓着土壤，才能匹配到它的冠幅。

松柏类

松柏类在中国的传统里避讳栽种在私家庭院里，但实际上一些像蓝冰柏，以及蓝色

▼银叶金合欢

▲千层金

▼琼花

跟着海妈学种花 ✍

的松树、雪松一类的栽种在庭院里，尤其是在北方，那种苍劲的美，整个冬季，都可以当之无愧地成为主树。

含笑

也是中国传统花卉。含笑可以做成"棒棒糖"，同时可以控制其体量在小花园栽种。含笑的特点在于它的花被叶片包住，不突出，但却有很明显的香味，非常含蓄。全年常绿。

千层金

秋天蓝天白云，天高云淡。如果想给蓝天来一点对比色，就可以栽带有金色的千层金，对比之下，让秋色更加明显。在全年的生长过程中，从嫩绿色到绿色，再不断地调入黄色，观赏层次非常丰富。

千层金的耐寒性不高，低于0℃需要保护。最好栽小的植株，大的难以移栽成活，小的有更好的适应性。

蜡梅

蜡梅整个冬季飘香，春节前后一般有足足一个月的花期。它清寒、凛冽，不惧风霜，伴随雪的融化开花，总是让人感动。它的花色和质地都很温润，但凡气候合适，都建议你栽种一棵。但在广东广西等南方不能春化的地区不行。

烟树

学名叫黄栌。5月开花，如梦如烟，像雾和云霞一样。秋季叶片会变红，北京香山的红叶，就是烟树。非常适合北方栽植，在成都也可以正常栽种。

琼花

琼花跟中华木绣球有很强的血缘关系，琼花没有那么大的花团，是地中海型的花。更喜欢自然感的人，可以种一树琼花。琼花秋天的时候还有满树的红果子。

乌桕

冬天的景观树，多见于南方的山上，是少有的彩叶林树种。它需要从小树开始栽种，对环境的适应性比较好，容易显露出秋色叶。如果一定要栽大树的话，大约需要三年时间适应环境，才开始有秋色，不然因为它的须根不够，往往很早就开始落叶，根本来不及在秋季有红叶的时候就掉落了。

家乡的原生物种

如果上面的这些树，你都不曾满意，你也可以考虑家乡的原生树种，尝试用种子播种，或者找一棵特别小的苗，带着一点点原生土壤，移栽到自己的花园。我主张乔木可以不要过度园艺化，可以用原生种，既可一解乡愁，又可保护我们珍贵的本土植物。

3 适合花园栽种的花果树

对，花果树，哈哈，它来自花果山。庭院种一棵结果的树，可以享受收获的感觉，我为大家整理了一份四川以及相关气候地区，很适合在庭院里栽种的既可以观赏花，又能结果的树。

李树

早春开花像雪一样美，叶子也很美。我很喜欢的脱骨李，姿态有点像鸡爪槭。9月果实成熟。栽种没有难度。

桃树

花园大一点的可以考虑。桃树一定要压枝才够美，直直的姿态不够美。桃树一定要修剪，冠幅要收缩，否则长得过大容易倒伏。由于比较容易流桃胶，栽种并不是很容易。

樱桃树

樱桃树适合所有家庭庭院，因为它花好看，果子好吃，而且红通通的，生机勃勃。自己种的樱桃跟买的相比，口味真的相差很大。"樱桃好吃树难栽"，其实并非是这样，樱桃树其实很容易成活，直接就是砍一刀包一坨泥巴，够半年就可长根，然后分下来栽

种就好。樱桃树也是喜欢长毛毛虫的，小心落在孩子的身上。

柑橘类

夏天南方地区可以推荐柑橘类，比如柠檬、橘子等，树种实在太多了，我的家乡就有，整个夏天都是它的花香。从秋天开始，像红橘，整个冬天都挂着果子，美国红橘可以从秋天一直到第二年4月，整个观赏期特别长，而且很适于盆栽，在露台、阳台都能找到相应的品种。在阳台也可以栽种一些小型盆栽，比如小型柠檬、脆皮金橘。金橘圆的甜，椭圆的酸，这是我的经验。

杏树

"杏花村"的杏树，体量较大，适合栽种在大一些的花园里。杏树的花春天时十分可爱呀，果子和叶片也都非常漂亮。我的花园里是有杏树的。

柿子树

冬天红彤彤的果实像一个个小灯笼，把冬季、新年的氛围拉满，尤其是在北方大雪纷飞时，柿子树的红果果满树都是，看起来

▶柑橘树

植 物

▲菲油果

非常温暖。

山楂树

花好看、姿态好看，秋天鲜红的果，较为适合北方，在南方表现不是很突出。

梨树

根据中国的传统文化，我们一般不在庭院里栽植梨树，而且梨树体量大，不太适合小庭院，而是栽种在田埂、乡野，如果你的花园比较大，可以分区在蔬菜花园，或者田埂上栽种几棵丰水梨。但是早春"千树万树梨花开"，雪白的梨花非常惊艳。

枣树

秋天推荐枣树，虽然它的姿态不是特别美，但是它的体量很大，收获感也挺强，适合栽种在较大的空间，寓意"早生贵子"。

菲油果

比较有结构感的植物。口味怪诞，杧果、柠檬、无花果、柑橘，以及百香果的混合口味，喜欢的很喜欢，但可能不太适合中国人的平常喜好。花好看，充满异域风情，叶片常绿，是上好的插花材料。

无花果

夏天我还喜欢无花果。适合靠着墙栽种，夏天持续都有收成。我在三圣乡栽了一棵，在怀着噜噜的时候，每天都能吃到无花果，无花果长得快，可以持续享受收获的喜悦。

石榴树

夏天还推荐石榴树，嫩绿的叶片配上一点红，美感非常强烈。而且石榴的籽儿很多，也很红，寓意着"多子多福"，也非常受艺术家们的偏爱。

苹果树

苹果树适合栽种到温差比较大的北方，以及高海拔地区，那里的苹果才是用来吃的。我的花园里面也栽了苹果树，但不是用来吃的，它是一个生态的树，喂鸟、喂蝴蝶、喂青虫，还要喂天牛。

所有的果树，劝大家不要盲目"追星"，反而就是栽种自己家乡那些传统的、市场上买不到的口味，更有韵味。因为市场上的品种都是耐运输的，若是家庭栽种可以把口感放在第一位。

02

灌木

花灌木，花园生态链的核心

我把花园的树简单粗暴地分为三种：一种是大乔，就是特别高大的，超过 10m 的；一种是二乔，高度在 6m 左右的；然后接下来就是长得比二乔还要矮的，那就是花灌木，通常高度在 2m 以内。

花灌木到底在花园里面起着什么样的作用呢?

花灌木起到承上启下的作用，它上面有乔木，下面是草本、苔藓等，在维护花园的生态平衡方面有重要的作用。

它们都有一个明确的共性，几乎不需要特别打理，栽种成活以后，甚至连浇水都比较随缘，不怎么管它，也能年年开花。生命力非常顽强，病害也好，虫害也好，比如白粉病、红蜘蛛、蚜虫，它们都不曾害怕，自身都有一套方法去控制病虫害的泛滥。所以我常常在花园里面用灌木做核心，作为生态树，把花灌木作为一个培养皿，培养蚜虫、青虫，吸引它们的天敌，比如鸟儿、瓢虫、青蛙等，从而形成一整个生态链。它们相生相克，也许最后打成平手、不相伯仲，就这样维持着生态平衡。

1 花灌木的栽培方法

光照

花灌木大多生长在林下，一般比较耐阴，我们给它类似原生环境的半日照，便能满足生长需求。

栽培方式

花灌木既可成团成簇地栽，亦可小空间小阳台盆栽控养，记着要把枝叶伸出阳台外，既可以通风，又可以给昆虫和小鸟搭窝。

地栽是低维护的，种植一年后基本就可以靠天吃饭了，每年冬肥给足便可。

水分

盆栽控养一定要注意浇水浇透，花灌木根系发达，整个花盆里感觉没有土全是根，干透后极难吃水，只能浸盆。日常一定注意不要让它干透，冬天也不能过干，以免干枯花芽。

肥

盆栽花灌木施肥：一是在冬季换盆加新土，二是孕蕾期规律施速效肥。

病虫害

花灌木对病虫害的抵抗力较高，种在合适的环境中几乎不需要打药。如果生虫，也不必过于担心和理会，去观察便好，一般早起的鸟儿会吃掉它。

修剪

花灌木种植需要注意的就是避免在秋、冬季重剪和整形，它仅适合在花期后修剪，立秋过了便不可以对它进行修剪了。尤其是春天开花的喷雪花、锦带花、溲疏等，它们的花芽通常是顶端孕育得多，越往下花芽越来越少。如果修剪不当，第二年的花芽被剪掉，便可能一朵花都不开。

据我观察，越是耐寒的植物，花芽越是孕育得早，越是不可以乱修剪，像欧洲木绣球，在"五一"之后就不能修剪了。

◀绣线菊'黄金喷泉'　　　　　　植　物

2 花园花灌木种类推荐

与乔木不同，花灌木可以种在小花园里，也可以种在阳台，甚至是北向的阳台也有与之相应的花灌木类型，只要让它的枝条伸出去，偶尔晒晒太阳就好啦。

绣线菊类

适合早春观赏。第一个是喷雪花，也称雪柳，开花时花像雪一样的喷薄而出，花量令人惊叹。但适合家庭栽种的反而是两种小体量的，一个是'八重小手球'，重瓣的，另一个是'黄金喷泉'绣线菊。这两个品种，可以全年观叶，而且枝条很柔软。它的生态作用就是可以全年饲养蚜虫，对它们却造不成威胁。栽种没有任何难度。

接骨木

品种有黑色叶的'黑美人'、金色叶的'金叶接骨木'等。我在成都测试接骨木很多年，发现在中部地区，如果给予它耐心，经驯化多年也可以正常种植。在长三角地区也有很好的表现。我在英国看到接骨木不仅仅是花灌木了，它可以长成一棵树，有乔木的潜质，满树繁花，开花周期也很长。体量合适，有着蕾丝般的质感和疏落感，很美。

丁香

说起丁香都是泪，因为我很喜欢的颜色叫丁香紫，所以在成都家中栽种了很多品种，但所有的品种因为高温和高湿全部死了。丁香喜欢干燥，适合北方种植，在雨水多、湿度大的地方不合适。

弗吉利亚鼠刺

鼠刺的一种，优秀的花灌木。春天花期能捕光，因为它的花序长且白，阳光照在上面，像照在蜘蛛网上一样，会反光。冬天叶片会变红，耐寒性高。

荚蒾

其实严格说，荚蒾也可以算乔木，它介于乔木和灌木之间。中华木绣球其实也是一种荚蒾，并不是绣球。'粉花荚蒾''粉团荚蒾'，很多种类都适合栽种在花园，叶色比较深一点。

六道木

六道木也有很多品种，园艺种的花叶六道木甚至可以盆栽，从秋天一直开到初冬。通常庭院不太栽植，反而小区绿化用得比较多，而且被修剪成要么是豆腐块，要么是波浪、圆球，所以它的花也不太看得到。我测试发现，花园栽植六道木，花可以从夏天一直开到秋天，花期很长，花朵自然典雅、疏落有致。

忍冬

忍冬，也就是常说的金银花。除了爬藤的以外，还有灌木型的，在北京也有一个树状型的，我称之为金银花树吧。在成都有'蓝叶忍冬'，早春的时候蓝色的叶子会开出红色的花朵。

地中海荚蒾

强烈推荐给花友种的花，我在我所有的花园里都在种了这个植物。它从圣诞节花苞开始变红，在第二年3月开花，整个生长期都会饲养蚜虫，而对自身不造成危害。养护地唯一要点就是不要让它积水，我们花园涨水的时候，淹死的三种植物，其中一种就是地中海荚蒾。

猬实

猬实适合中部地区和北方，开花期间几乎不见叶，全是花形成色块。你会感觉它的花量大蓬松，像粉色的烟雾一样。

溲疏

耐寒性比较好，品种也很多，高高大大

的'草莓田'，重瓣的'粉铃铛'，地被型的'雪樱花'，白色的'雪绒花'。溲疏南北方都适合栽植。在南方栽植要注意在立春前便要把所有的叶子全部拔掉，让它的腋芽露出来，形成花芽，第二年春天开放。

牡丹

牡丹是中国国花之一。牡丹和芍药很像，区别就是牡丹是灌木，冬天不会枯死，芍药是宿根，冬天地上部分会枯死。

'紫斑牡丹'是非常珍贵的品种，它有"眼睛"和斑纹。牡丹的特点之一也是"好花不常开"，花期尤其短暂，所以牡丹花开的时候一定要在家里候着看。黄色的牡丹比如'皇冠'非常容易栽种，今年我也会在我的花园里尝试种牡丹。

一定注意不可以修剪牡丹的老枝，因为它靠着老枝开花呢。

杜鹃

杜鹃在园林中应用很多，小区绿化带常栽植常绿杜鹃，小庭院和盆栽也可以栽植落叶杜鹃。落叶杜鹃冬天叶子会落光同时孕育花蕾，早春开花的时候一片叶子都没有。

我发现很多花灌木以及乔木，花期和叶期几乎没有重叠，或者重叠期很短，从而形成一种如梦如雾一样的色块，这样的品种很受大家欢迎。

▲ '八重小手球'绣线菊

木槿

夏天观赏的中国传统植物。单朵花当天开当天凋零，这点很像攀缘植物牵牛花。木槿花蕾量巨大，会持续从夏天开到秋天。木槿也是一种生态植物，在秋季容易吸引虫子。

锦带花

锦带花种类很多，高大的比如'金叶'锦带，不加修剪能长到四五米高，但是可以通过修剪控制它的株高；矮的像'乌木象牙'锦带，也就只能长到四五十厘米，甚至还有地被型的。

锦带花适合北方，可以露地过冬，也是很好的绿化带材料。在花园里可以优选一些花色和品种，比如'花叶'锦带，黑色叶子白色花朵的'乌木象牙'。

彩叶杞柳

'彩叶杞柳'不像柳树体量那么大，可以被修剪成一个"棒棒糖"，耐反复修剪。它主要欣赏点在于嫩枝嫩芽，带有粉色、白色甚至蓝色的色调，且有很强的光感，耐阴性也非常好。

松红梅

松红梅只有一种死法，就是干死了。因为它不会叫渴，它的叶片鲜活或者枯萎状态相差不太大，不像绣球一样一缺水叶片就萎蔫，所以它是否缺水，我们分辨不出来的。花期可以从 10 月一直持续到第二年的 5 月，花期超长。但冬天在 0℃时就要防冻保暖，不要让它的嫩梢受到霜冻危害。

瑞香

瑞香最怕夏天积水，很多养死的瑞香都是这个原因，所以瑞香一是用陶盆栽种，二用透水性非常好的土壤，三要减少浇水量。地栽一定要种花池，要种在一个根系吸水力非常厉害的植物旁边，比如观赏草蒲苇，或菲油果、美人蕉。瑞香整个冬天都飘香，花期很长，其中金边瑞香尤其受到欢迎。

紫荆

紫荆更多适应园林绿化带等公共绿地，因为它的花期比较短。

弗吉尼亚鼠刺

03

结构植物

花园结构形成

结构植物有一些共性，能体现出人为的审美、设计与匠心。

很多人没有花园结构的概念，这也是我们的花园不能像国外的那些几百年的花园一样，怎么样拍张照片都好看的原因，就是会怼着一株花拍大头贴，因为除此之外，其他的都不太好看，没有好的背景、结构，没有绿植的墙、绿篱，以及球状等的造型和自然生长的植物这种强烈的自然与人工设计的冲突。花园就像写文章一样，不能只平铺直叙，要有强烈的冲突感。这种冲突其实带来很强的设计感和美感。

结构实现一方面可以用高大的乔木，它们形成花园的高度。另一方面，花园也像画画一样，需要一个画框把花园的景色框起来，有一个明确的边界，我们一般采用绿篱来实现。

另外，花园里面还要有一些造型植物，比如：有的男士喜欢用黑松、五针松、金弹子做云朵造型，还有的人喜欢西式风格的几何造型，比如用'金姬'小蜡、女贞修剪成球形、锥形、柱状等等。

如果很难理解花园结构的话，不妨去小区绿化带走一走，你可以看到小区里面的植物，像梯田一样一层一层地分布，高一点的红叶石楠，再矮一点的女贞、瓜子黄杨、红花檵木，最后是花境、观赏草、草坪等，再加上几棵造型的"棒棒糖"等，就这样形成了结构。

我总结结构型植物的几个特征：一是耐反复修剪；二是分枝多利于造型；三是全年常绿或姿态极美；四是形态受季节变化的影响较小。

在"海蒂和噜噜的花园"，我用'金禾'女贞把花园分割成 10 个小花园，修剪整齐作为绿篱，然后在里面填充各色开花的植物。接下来就是高大的乔木，比如南方的棕榈树、大王椰子树，它就是一个花园的骨架。它的意义就是在于给花园一些稳定的元素。

在北方的冬季，如果全是草花，枯萎后会有一种萧瑟的感觉，假设花园里有绿篱、有乔木，有各种造型的植物雕塑等，皑皑白雪铺在上面，清晨的霜花打在上面，你会觉得，哇，花园的冬天景色也不错。

结构植物可以使花园有很强的自然感的同时，体现出我们人为的审美、设计与匠心，就像在美术馆欣赏雕塑作品一样，能强烈地感受到花园的艺术性和设计感。

1 大花园的结构实现

绿篱可以给花园边界感。

1 区域分隔用绿篱

花园需要一个明确的边界，有的花友喜欢用栅栏，有的用花墙。但凡大一点的花园，我都推荐用绿篱，它的结构感强，四季变化小。

光照强的地方可以选择女贞做绿篱，栽种时要挑选小一点的植株，要高度1m以内且茎秆较细为好，大多绿篱植物是裸根移栽的，越大越难移栽成活。

确定绿篱的高度和宽度，当植株成活发芽后反复修剪，这样叶片会越来越密，越来越紧，经过一个夏天，绿篱就可以成型。

如果花园较大且日照充足的情况下，可以用法国冬青来做绿篱。法国冬青耐半阴，全年常绿，耐反复修剪，可以把它剪得像一面绿墙。

光照不足的地方，可先在花园周围建一个栅栏，种全年常绿且耐阴的植物，攀爬在上面形成绿篱，比如风车茉莉，一般间距1m远种一棵就可以了，当它长脚爬上墙的时候，就反复去修剪，约两个夏天就可以修成绿墙。当然也可栽种常春藤。很多人认为它是室内植物，其实在气候合适的地方，常春藤是一款自带攀缘能力的，可以做绿篱墙的植物。

花园绿篱高度，具体取决于花园的大小。花园小，例如说只有三五十平方米的花园，高度1.1m左右就可以了，因为这样不至于挡光。而600m² 甚至以上的体量，那么绿篱高度至少要到1.8m左右，这样隐私性才会比较好，又不会有巨大的阴影投射。

2 其他结构植物

栽种一些全年常绿的植物，例如新西兰亚麻，它是一款异域风情的植物，体量也很大；澳洲朱蕉也很好，我的恐龙花园栽种的时候，矮矮小小的，现在长的比我的小腿还粗，高达4m，比乔木还高很多，在花园的任何一个角落，远远地都可以看到。

除了澳洲朱蕉，南方的大王椰子、木瓜，都非常美；在北方，可以考虑一棵蓝色的松树或者柏树这一类的植物，然后修剪作为结构植物。很小体量的花园，你可以栽一棵米兰，把它剪得圆咕隆咚的，把一棵栀子花做成小小的"棒棒糖"，或者栽种茶梅、西洋杜鹃作为耐阴的绿篱，也可以种一些'金姬'小蜡或'银姬'小蜡，修剪成一个圆球，还有龟甲冬青也是不错的选择。

花园里的色彩搭配一定不可以全用一些嫩的、淡绿、淡黄的颜色，一定要有一些偏暗的阴影的颜色，例如说偏黑色叶子植物，它们会让整个花园的层次和结构感变得更加地强烈，使花园感觉变得更大，因为阴影使植物变得更大，这样更容易突出到那些浅色叶子的焦点植物。

除此以外，结构植物还需要考虑气候环境，例如春羽、'火焰'南天竺、十大功劳属的植物、海芋等天南星科的植物，一般 0℃ 左右，就要考虑防冻。

▶用女贞做的海马造型

植 物

2 小空间的结构实现

除了花园，那阳台、露台空间，有没有结构植物的概念呢？我个人觉得是可以的，小空间也需要全年常绿又有造型感的植物。那可以通过哪些方式、哪些植物来实现呢？我们可以通过做盆栽造型来实现，比如可以用盆栽做小型"棒棒糖"，小木槿、迷迭香、蓝雪花、风车茉莉、地中海月桂等，都适合做"棒棒糖"造型。当然也可以直接栽种一棵狐尾天门冬，它尾巴长长的，可以形成常绿的结构。

阳台也可以栽种一棵常绿阔叶植物来做结构与背景，还可以设计一个攀缘植物墙，比如风车茉莉花墙。风车茉莉前面说过，它很耐阴，在阳台上生长是没问题的。我也在云南用风车茉莉的盆栽，顺着阳台的水管往上攀缘，结果发现风车茉莉具有绕着水管呈"s"型攀缘的能力。

选用这种绿色的攀缘植物，攀爬在雨水管等管道，让它们变成一个绿色的柱形结构，是可行的。

"棒棒糖"型的结构植物，分上下两个部分，让空间显得层次明确，因为高的、矮的都有，"糖"的部分是圆圆的一坨，下部分较为镂空，所以下面的部分还可以再用其他的植物做成两层，使整个阳台空间看起来具有强烈的结构感，错落有致，增加不占据很多的空间栽种更多植物的可能性。

3 结构植物的修剪和造型

绿篱植物尽量栽小苗，栽种时土壤一定要做基础改良，不要直接种在建渣上。

1 绿篱墙的修剪和造型

绿篱栽种前，要先确定到它成型的尺寸，高度和宽度，通常小花园边界绿篱高×宽为110cm×40cm，大花园边界绿篱180cm×60cm，小花境绿篱40cm×30cm，长度视花园尺寸而定。

确定宽度后，按照这个宽度牵线，每两个星期修剪一次，只要枝条超过边界就要对它进行修剪。所有的绿篱植物都是越剪越密，它的分枝是呈几何级增长的，只有它的枝条足够茂密的时候，它才能够成为一面绿墙。不断地修剪它，使它能够维持形状。

2 其他造型

如果你想把植物种成一只小鸟的造型或者是你家狗的造型，都是可以做到的。试试龟甲冬青、花叶海桐、黄杨、女贞都可以。在成都有植物编艺的非物质文化遗产，通过这个技术，可实现各种想要的结构造型。

首先画出你想要的形状图案，然后建 3D 模型，再用钢筋放大模型焊接起来，栽种女贞枝条贴着这个造型，牵引、修剪，持续修剪，几年以后，就成为一个有骨架的造型。"海蒂和噜噜的花园"的图书馆门口就有一对海马，便是用这种方法做的。海蒂在幼儿园的时候，画了一只海马，我们请编艺师傅花两天时间编出一个巨大的海马来。

在"海蒂和噜噜的花园"，除了那一条恐龙用的这种非遗的编艺方式来做造型，更多的是通过持续不断地修剪来获得造型。我们也可以通过建模搭建一个镂空框架，根据这个框架，只要植物长出来就剪掉，只允许它在这个框架内部生长，一年多时间，就能剪成像老鹰、小鸡的造型。这样花园便可以有一群成型鸡呀狗呀在那里奔跑。这种园艺带来的趣味极大，满足感极强。你见证它从一棵小苗，长成一只鸡一条狗狗的一个过程。

总结下来，第一种植，第二修剪，第三是持续地造型。

像澳洲朱蕉、新西兰麻这样的植物，我们也要去控制它的体量，使它成为一个有艺术感的结构。例如春羽，如果你不管它，它会长得巨大，乱七八糟。如果加以控制，就像一个花艺作品一样去管理它，让它疏落有致，让它高于自然。

▼海蒂手绘

▼用女贞做的海马造型

植　物

4 盆栽"棒棒糖"造型

以小木槿为例来介绍"棒棒糖"的做法。

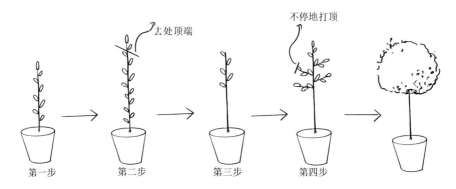

去处顶端

不停地打顶

第一步　　　　第二步　　　　第三步　　　　第四步

1. 优选一根有独立主干的小木槿，让它持续不断地长高，可以给它弱一些的光照，刺激它徒长，尽快长高。

2. 确定高度。当达到想要的高度时，掐掉顶端，上面留4~6片叶，下面的叶子全去掉，底下萌生的分枝也要剪掉。

3. 待留下的叶片侧芽长出，达到10cm时，再摘心打顶，这样就会得到至少一倍的分枝。

4. 按照上述步骤重复摘心促分枝，慢慢地就成型了。

这种"棒棒糖"的制作方法也适合迷迭香、地中海月桂、风车茉莉等。风车茉莉是一个软塌塌的植物，需要给它一个支柱。风车茉莉还可以缠绕成"s"型的"棒棒糖"。

有一个例外就是蓝雪花，用它做"棒棒糖"的时候，可以多根枝条编成辫子，三根、五根都可以，编在一起，上面的枝条就足够多，两三次打顶摘心以后就会变成一个圆球。

像迷迭香、蓝雪花、风车茉莉等生长旺盛的草花，做"棒棒糖"的效率很高，速度很快，比之前提到小蜡、月桂需要的时间更短，一般三个月就可以从零开始制作成功。黄杨造型可能要两年。

在这个过程中，施肥都是通用型的，等到它彻底剪圆了之后，转成施花卉型的肥，这样它就会开出一个圆滚滚的大花球来。

在做"棒棒糖"的过程中，遇到花苞也不让它开，做到这点很难，但我们需要控制自己的欲望，训练自己延迟满足感，我们最终等到的是一树繁花。

小木槿"棒棒糖"

04

宿根植物

宿根植物的冬天

简单来说宿根植物的特点就是春天发芽，夏天或秋天开花，冬天地上部分枯萎开始休眠，等来年春天又重新发芽，年复一年。它有明显的四季变化，和结构植物完全相反。

我经常在冬天去给别人家种花，种下一坨坨带着芽点的泥土，然后说这里是玉簪，这里是落新妇，这里是大花萱草，这里是什么……在春天的时候会长得有多高，开的花是什么样子的，一番描述感觉神乎其神。业主要不是春天曾到过我的花园，一定认为我是个大骗子。

还记得在三圣乡的时候，我怀着噜噜，大年初一带着爸爸、妈妈和小海蒂打理花园，突然来了一帮吃完饭消食的阿姨走到大门口说："啊，这是海蒂的花园吗？"我很高兴地回答说："啊，是的！"以为她要来表扬我呢，结果有一个人就朝着我们的花园吐口水："啊，照片上原来都是骗人的！"因为她看到很多地方传播的我们花园照片，都是繁花似锦的样子，殊不知花园也有冬天。

花园里的花，开放有时，枯萎有时，喧嚣有时，安静有时。

就在这个冬天，我把宿根植物和人生的困境联系在一起。因为我种花的年份实在太长了，以至于很难把人和植物剥离开来去看待，以至于看到植物的时候老是会联想到自己的人生。

繁花似锦过后，土地彻底归于喧嚣后的平静，这种平静之美，其实很难有人会去欣赏。没有人去想，宿根植物到底是在哪一天开始分芽，百子莲是什么时候由一芽变成两芽、两芽变成四芽的，谁知道呢？但我知道，就是在休眠的冬天。

宿根植物的冬天，也就只有懂它、爱它的人才会去相信它。

所以我常常说，在春天的时候，去赏花，去拍照，去以花为背景拍合影，这些都是喜欢。但真正的爱，是园丁在冬天默默地打理植物，在宿根植物面前去聆听它的声音。

这就是我想要单独有一个篇章讲述宿根植物的根本原因。当我遇到困难的时候，我总是认为自己像是遇到了宿根植物的冬天，我必须要积蓄能量。

宿根植物的冬天，是把美好藏起来的，是一直在努力着的，长根、分芽……从来没有停过；但凡春天来临，一场春雨滋润着大地，气温从 0℃左右上升到 5℃，当它得知机会来临，便疯狂地、迅速地破土而出，舒展叶片，杂草都没它长得快，以至于拍一个延时，都不用把节奏调得过快，你可以看到它一天以 1cm 甚至到 5cm 的速度在生长，以你耳朵听得到的声音、肉眼看得见的速度在生长。

尝试去栽种一棵宿根植物吧，感受它的冬天与春天。

1　宿根植物的栽种要点

宿根植物的栽培相对简单，主要总结为以下几点。

第一，要满足它对光照的需求，像百子莲、鼠尾草、滨菊、千鸟花喜欢日照充足，而玉簪喜阴，芍药要半日照。

第二，对于土壤和肥的要求，植物之间差别很大。百子莲每年只给两次控释肥就可以了，鼠尾草在稍微瘦一点的土栽种不容易倒伏。我总结高挑的就喜欢瘦一点的土壤栽，而低矮且花朵硕大的就喜欢肥沃的土壤。

第三，分株。每种植两三年，就要对宿根植物进行分株，这是宿根植物的共性。其中表现尤其明显的是大花萱草。如果栽种三年不进行分株，它能把自己挤死，它每年都不断地想要迸发新的芽出来，芽与芽之间缝隙太小，营养吸收受阻碍，花量受到影响，关键是太挤后不通风，就要开始烂茎，它自己采取的策略是死掉一部分再长，那表现出来就是好像得了锈病，即叶片上开始长无数的斑点，其实根本原因并不是叶片上需要喷洒药剂，而是要在秋季分株。所以在冬季休眠期叶子刚刚黄还没有完全凋零的时候，可以把它挖出来把它分开，再种下去，第二年它就会活得更好一些。

第四，在冬天进行标识，不然的话你会一铲子下去直接把它挖得稀巴烂。

第五，冬天请相信你的宿根植物。宿根植物的冬天只是在积蓄能量，而不是死了，我不建议在冬天丢任何宿根植物。

2 花园宿根植物种类推荐

玉簪

玉簪的耐寒性极强，耐阴性也很好，几乎适合所有的花园以及阳台，如果仅仅只有一个窗台，也有一款叫作'蓝耳'的玉簪适合你——像蓝色的耳朵，迷你型的玉簪花极美，亭亭玉立，叶片极小，比耳朵还要小一些，可以用16cm的花盆去栽种。

玉簪的品种很多，在北方，大叶的玉簪甚至可以种出南国才有的那种异域风情，像'大父'等都属于这种类型。

玉簪还有一个特征，多数叶子上面都带有各种自然的、渐变的颜色。第一眼看上去没有惊艳感，但是它不枝不蔓、安安静静地，每一次看它，都有一点点变化，所以很耐看。玉簪发芽卷曲的样子就特别有力量感，观叶和观花都好，观赏期从早春到深秋。

八宝景天

八宝景天的花在秋天尤其美艳，因为在秋季，蜜源植物并不多，而八宝景天是很好的蜜源植物，也易栽种成活。

德国鸢尾

鸢尾其实有很多，有专门的水生湿地型鸢尾。而德国鸢尾很不一样，我把它归于宿根的原因是因为它不是种球，它是一个块根。它在北方表现尤其突出，会长成像大一块姜那么大的大块根，开出的花和凡高画的鸢尾丝毫不差，有很旺盛的生命力。亭亭玉立的样子，如果用两个字来形容，那就是华丽。它没有任何乡野感，给人一种尤其突出的华美感和宫廷感。

德国鸢尾喜欢干燥的环境，栽种时根茎不要全部埋在土壤里面。

肥皂草

肥皂草有一股很强的茉莉花加香皂的芳香。为什么叫肥皂草，它的花朵可以摘下来洗手，像肥皂一样起泡泡，而且容易成活。

随意草

又叫假龙头，常用于自然花境之中。

百子莲

夏天开花的宿根植物中，百子莲是很典型的一种，花色品种多到无法想象。

全年常绿、叶片不凋落的百子莲耐寒性也不太好；但是落叶的百子莲，像'匹诺曹'，耐寒性好，就适合在北方栽种。

'蓝耳' 玉簪

▲百子莲

▲大花萱草

▲美丽月见草

▲松果菊

百子莲在南方地区，可以完美取代大花葱。因为大花葱既贵，种球在南方又容易烂，很难成功。但是百子莲在成都年年复花，年年成功，分的芽越来越多，花球越来越多，越来越大，而且完全低维护。我在新西兰看到百子莲总是当作马路牙子两边绿化带的色块植物来栽种的，根系发达得甚至把大块的水泥马路牙子直接拱翻，非常彪悍。

蓝盆花

蓝盆花因为它的茎秆细，姿态秀美，常被作为自然风格花艺的切花材料。蓝盆花不喜高温高湿，在夏季气温高时挪到冷凉一点的地方去。

松果菊

夏天开花，如果用两个字来形容它，就是热情。其实松果菊和百子莲种在一起效果比较好，因为百子莲通常是深深浅浅的蓝，松果菊则是深深浅浅的橙，哪怕是纯白色的松果菊，你都能够感觉到阳光的气息在里面。

它开完花之后，有一个明确的果子结在上面，与松果一模一样。我比较喜欢玩它的果子，去盘，去撸，有很多微刺在上面，但是它又不会伤皮肤，并不像玫瑰花的刺那样，有一种特别的触感，非常有趣。

松果菊切忌水涝，一旦水涝，日照不够就会死。

大滨菊、紫叶千鸟花、美丽月见草

芍药、玉簪、鸢尾它们对土壤的要求比较高，需要疏松透气、富腐殖质的，而大滨菊、美丽月见草、紫叶千鸟花这三种植物，它们是野趣花园里的必备植物，土壤越贫瘠越好，越瘦越好，干一点好。如果是肥土，它们长得胖胖的，就容易倒，瘦土长出来就有很强的文人风骨，在山野单株开放的感受很明显。特别是大滨菊，秆细、高挑、随风摇摆。

大滨菊是很好的蜜源植物，蜜蜂很喜欢，而且结种子很多，鸟也喜欢，自播性也很好。只要一发芽，多年生的根系就不会死。在公园、滩涂、家乡的田埂，或者一些不太美的地方，撒播一些大滨菊的种子，看它能生多少就生多少，完全无须打理。在我的花园里面经常栽种，没有任何压力。

美丽月见草一定要控制它的生长，不要在小花园里下地种，否则无法控制它，而且阴的地方不可以栽种。

这三种植物都是暴晒、贫瘠、斜坡干一点的环境比较好，甚至撒在建渣上都可以开出花来。所以宿根植物真是令人敬佩。

野棉花

一种思乡的植物，也叫打破碗碗花，家乡山野经常能看到，一般生活在阴地，但它的花会突兀的生得高高大大的，然后去寻找光。我家乡田埂里常常有野棉花，我也曾尝试把家乡的野棉花引种到成都，尝试两三年均失败，后来发现不对呀，正确的应该是收一点种子随意撒在花盆里就可以了。

野棉花其实很适合北方，我曾在日本北海道看到成簇的野棉花开放，而在南方或者成都特别肥沃的地方，野棉花反而经过多年之后就生长不良了，因为它的根系太多了，之后容易挤到生白绢病。所以地栽野棉花要注意两三年以后一定给它分株，不然芽太多会烂，然后感染整片土地，"海蒂和噜噜的花园"以前就遭遇了这个情况。野棉花要瘦养，这样有一种野外轻灵的姿态，然后你就可以跟孩子们说：别摘，摘了就会打破碗，它叫打破碗碗花。

菊类

"春天的花开秋天的风以及冬天的落阳"，就像这句歌词里写的一样，好像看花是春天的事儿，秋天只与收获、枯败、凋零、萧瑟等这些词挂钩，但是秋天是菊花绚烂的时刻，在这个季节里它是主角，单朵花期很长。

像紫菀、球菊、乒乓菊、小菊，各式各样的菊花以及我们中国传统的菊花，就正如陶渊明所说："采菊东篱下，悠然见南山。"最近我在给海蒂辅导古诗词，文人雅士通过菊花来表达他们内心的高洁、与众不同以及避世的渴望。他们品菊花酒、赏菊插花。在我们的花园里，我也种植了紫菀、球菊等各式各样的菊花。

菊花在全国都适合栽种，尤其适合北方栽种，像紫菀这类植物都可以露地过冬。在秋天绚烂的花其实不多，菊科植物是其中之一。

鼠尾草

'樱桃鼠尾草''天蓝鼠尾草'……各式各样的鼠尾草，在整个夏天到深秋都非常突出。我认为鼠尾草是高阶的园艺植物，一般新手都不太欣赏鼠尾草。因为鼠尾草高挑，花小，如果你种花超过十年，当你渴望自然风格的花园的时候，你就会在花园里面栽种鼠尾草，去欣赏它的叶片与轻盈的花带来的氛围。

我最近读诗，有很多的诗描述的都是最终想要表达的心情，思念、惆怅、开心、难过、悲愤，他的情绪只有一种，而他用了很多语句描绘，就是烘托这种情绪氛围。鼠尾草，它就烘托了整个花园里主人对自然的渴望，以及对高山、对原野向往的那种心情。

大花萱草

大花萱草是我们中国传统的代表母亲的植物，我们的母亲花并不是康乃馨，而是萱草。别名金针菜、黄花菜。

品种也很多，其中有个品种叫'无尽夏'，经过我的测试。夏天它可以反复起花箭，反复开花，开到11月，所以它的低温开花性很好。

▲ 大滨菊

蜀葵

　　蜀葵是夏天的花，是我们四川的原生物种，在莫奈的花园里，还有在吉温尼小镇，在法国，全球所有的蜀葵，基因都来自四川，所以叫蜀葵。蜀葵又叫节节高，因为它每一节都比上一节更高；开花是七瓣，也叫七盘花，但现在园艺重瓣的品种很多。蜀葵要瘦养。

福禄考

　　福禄考有地被福禄考，每逢花期，它的色块感非常浓。我尝试栽种在楼顶花园当草坪用，开花的时候就像铺了地毯。另外一种福禄考是高挑而直立的丛生型福禄考，福禄考一定要瘦养，肥料多的话花会倒伏。

芍药

　　芍药是我们中国的传统名花。芍药和牡丹不一样的点在于芍药是宿根，冬天地上部分会全面枯萎；而牡丹是灌木，具有明确的茎秆，在茎秆上开花。芍药的花，一定是在当年长出来的新芽上起花梗开花。芍药的每片花瓣都长得不一样，且能够比较自然地分布，具有明确的花型。

　　芍药的品种也很多，我的花园和家里都栽了芍药，因为尽管芍药花期非常短暂，但那种自由奔放的感觉非常震撼。在五月初，芍药真的让你移不开眼睛，太美了。

　　花园是一首诗，花园是一幅画，看花人去花园只是去看植物叶、花朵，而我们栽种花的人，我们每一个园丁，在花园中栽种，其实就是在写诗的过程。

植　物

05

球根植物

球根植物，点燃你的园艺热情

种球长久地埋在地下，一旦开放你就会感受到它们不可挡的魅力

球根类的植物很多，实际上，我们惯常见到的一些植物，都是有球根在下面埋着的，比如像垂筒花，电视节目《绿色星球》里就对它有过描述，在一场大火以后，它才迎来了发芽和开花繁育的季节。种球植物长久地掩埋在土壤下面，我们感知不太深，但开放的时候就会带给我们强烈的视觉冲击，比如百合花、大丽花、剑兰，还有我们用四川土话说的"炮打四门"，也就是朱顶红。

球根植物有几大特征，其中之一就是很强的季节性。一般很少有球根植物 ·茬又一茬地开花，往往都是一次热烈地开花，开过之后就成为花园的阴影和背景。它们发芽就像竹笋那样充满活力，开花的时候很热烈，带给人一种哇的感觉，开过之后，又会很快归于一种平静。

球根植物有一个共同的特征，就是植株地面以下的部分变肥大，贮藏大量养分，最后形成肥大的、成块状或球状的根或茎。开花之前，球根植物一直处于积攒能量的过程；开花之后，球根可能会长出一个新的球根，将这个球根分开来种植。就又可以孕育新的植株了。

球根植物很容易点燃新手对于植物的热情，并建立起很强的信心。比如百合，你只管用合适的土把一个种球埋进去，15天以后，它一定会发芽。

1 百合

百合最适合栽种的时间是 3 月。当然，一般家庭栽种 3 月和 9 月都可以，也就是春百合和秋百合，尤其是春百合，好栽，好发芽，好开花，基本上栽种春百合的成功概率 98% 以上。

下面是百合的栽种要点。

第一，百合喜欢透气性强的配方基质，栽种时花盆底部垫土 3~5cm，球体上覆土 10cm；

百合的开花营养一方面来自母球的自身营养，另一方面来自茎根，10% 的营养吸收来自底部的根系，90% 的营养吸收来自茎根；很多人种百合开花小，花苞黄化以及倒伏，多是因为埋球太浅所致。

第二，百合的种类很多，去买百合的时候，带 "O" 的种类（具有东方百合基因）都是有香味的，这一类型的百合可以在阳台上栽种成功，因为东方百合相对更耐阴。

第三，'铁炮百合' 以及带 "L" 的百合，如 LA、LO 在广东广西等南方地区不需要起球，可年年开花。

第四，所有的百合种球都比较耐寒，一般能在 -20℃的土壤里保存过冬，其中具有代表性的是亚洲百合系列和 LA 系列，这两种百合能在 -30℃环境中存活。

盆栽和地栽百合的球间距大约是 15cm 左右，9 球、15 球或 20 球成团去栽种。如果是造花境，可以将百合球零星地布置在花园的各个角落，从而像山谷里的野百合一样。

百合不是像歌里唱的 "野百合也有春天"，百合是夏天开放的，所以百合花期正迎了绣球花的高峰期，但百合的花箭往往比绣球更高。我个人比较喜欢在花园里面栽种 '铁炮百合'，其次是东方系列百合和庭院系列百合，因为它高高大大且芳香四溢；如果你不喜欢有香气的百合，也可以在阳台或者屋顶花园栽种 LA 系列的百合，LA 系列在运输过程中花蕾容易折断，所以鲜花市场几乎买不到这个品系，全靠自己来做种。

▶ '特里昂菲特' 百合

2 大丽花

去川西，沿着318国道自驾游，你会常常不自觉地惊呼："哇，山坡全部都是花。"这些花就是大丽花。在3000m乃至3500m的海拔，往往走到一些石头房子的跟前可以看到一丛一丛的大丽花，海螺沟就有巨多的大丽花，在房前屋后栽，大朵的比脑壳还要大，被称为"探照灯"，小的像乒乓球那么小，尤其华美。大丽花适种的地方很广泛。

那么大丽花如何栽种呢？

第一，要注意株高。现在的园艺品种大丽花多达150个花色。有的天生就适合盆栽，长得矮矮小小的，叫它小丽花；有的就是高高大大的，适合在庭院栽种。

第二，高挑的大丽花一定要在幼年的时候给予它支撑，越年幼，支撑柱的隐藏就越好，你觉得别人的花园里面种什么都不倒，自己的花园里面什么都倒成一片，实际上是在预知这个植物会倒的情况之下很早就进行了处理。

第三，大丽花完全不耐积水。我曾经有一个悲伤的经历，就是地栽80多个品种的大丽花，一场暴雨后，泡水两个小时，所有种球都烂掉了。所以如果地栽的土壤排水性不够好，请选择盆栽，或者花池栽种。

第四，在秋天，尤其是霜冻的时候，一定要起球，因为大丽花的块根就像我们家乡的红苕一样，是不耐寒的，这很重要。

第五，储存大丽花要用干泥炭或干沙子，铺一层介质，一层大丽花，之后再铺一层介质，你家的红薯怎么保存，大丽花就怎么保存。

第六，大丽花修剪残花的时候，一定要挑天气好的时候，不可以随意在它成株的时候摘心打顶，因为它的茎秆是中空的，如果遇上淋雨，中空的茎秆就会被灌进雨水，从球心里开始烂。

第七，买了裸球、进口球或者别人送你大丽花的时候，一定要带一点大丽花的茎。所以储存球的时候，不要像红薯一样直接把它掰下来，而是一定要带着茎的部分，因为大丽花的不定芽更多是在茎上萌发的，而种球和块根实际上是它的营养奶罐。当然有些大丽花的球上连一点筋皮也可以正常发出来，因为球体上也会像土豆一样偶有不定芽。

第八，大丽花花大色美，对营养需要高，一定要注意疏松透气的基质，给足底肥。我们请教川西当地人如何栽种大丽花，他们每一年冬天都挖起来放在室内保存，年年春天重新配比肥料，用腐熟的牛粪肥配比来做很厚的基础肥料。

最后，种球第一次栽种的时候，茎秆的部分要露出来，待发芽之后再培土，不让它倒伏，而不是像百合一样深埋种球。深埋大丽花，有可能不发芽。

▼海妈和大丽花

植　物

3 唐菖蒲

唐菖蒲是全球四大切花之一，因为它的花箭长达 1m 多，能构建花艺作品的结构，不容易倒。花序长，花朵华美，同时价钱便宜。

唐菖蒲种球的栽种要点如下。

第一，它是一个一本万利的植物，种球栽下去后，1 个球能长二三十个，甚至上百个小球也毫不意外，所以唐菖蒲建议盆栽不地栽。因为生小球的能力太强，地栽时挖不干净，会在第二年长出无数不开花的小苗出来，清理比较糟心。

第二，唐菖蒲是典型的长日照植物，需要更多的太阳，要把它放在像种月季一样的地方。

第三，唐菖蒲盆栽很容易成功。气候条件适宜，春化好的种球栽种 70 天就能开花，一般长出的第七片叶子就有花梗，有些品种球太小的话要发育九片叶子，对此我也有测试。理论上唐菖蒲的适宜温度是 25℃左右。今年我在我们的鲜花农场里测试两三百个种球，7 月栽种，历经 40℃的高温天气共 40 天，在 9 月全部有了花箭，没有受到强日照以及高温天气的影响，反而 6~8cm 直径的母球，几个月后已经到 14~18cm 了。

尽信书不如无书。像我在这本书里面描述的方法也仅限于四川地区，仅限于我的经验。如果你喜欢一种植物，理论上不适合你栽种，也不要放弃，可以尝试驯化。我有一个在广州的花友，他尤其喜欢蜡梅，他想驯化蜡梅，让它在广州开花，所以他冬天往蜡梅的根系上面铺冰块，浇冰水，让根系进行休眠，这样折腾了三年，他的蜡梅开了五朵出来，他高兴坏了。所以要勇敢地尝试。我今年尝试栽种秋季唐菖蒲，9 月份栽种，我们会于 12 月在露天环境中成功栽种出来，我相信可以做到。

最后，再说一下唐菖蒲的栽种要点，就是一定要深埋，唐菖蒲容易倒伏，所以种球要埋进去 10cm 的深度，发芽以后还要培土 5cm。

唐菖蒲在冬天低温休眠，当叶子完全枯黄，拔掉即可，在大部地区户外栽种，不需起球，而在北方有冻土则需起球。起球像保存大蒜一样，干燥的环境存放，这一点和百合要润土存球有所不同。

4 其他适合春季栽种的球根植物

风雨兰

跟海蒂聊诗，春天的诗里有一句"晓看红湿处，花重锦官城"。为什么用一个"重"字来形容花呢？原因就是下雨之后花头变重，花会低垂。几乎所有的花都不喜欢雨淋，但是风雨兰却恰恰相反，越是暴雨，越是开花。中国有很多的原生风雨兰，耐阴性比较好，适合盆栽，群植在小花盆里，紧挨着把种球埋进去，可种成一盆大花球。

球根海棠

球根海棠也是尤其华美，就像茶花一样，只要温度适宜，全年都可开花，例如在云南。但它其实较难栽的。原因是它需要25℃左右的稳定的气温条件。在家里要放在阳光房这样气温较为稳定的地方，所有的海棠类均不耐寒。球根海棠的种球像香菇，但恰恰相反的是，像香菇的那一面不是芽点，而是长根的部分，要朝着下面，香菇背面的那一部分反而是它的芽点，它是扣着长的，要注意。球根海棠也可以用枝条扦插。

酢浆草

很多人把这个"酢"字认成"咋"。这个植物是在秋季盆栽小球，春日阳光下开出密密麻麻的花来，只见花不见叶。每年春天

▼风雨兰

▼酢浆草

▲彩叶芋'白色恋人'　▲马蹄莲'丽都'

过后就会休眠，应直接断水保存种球。在秋天把收到的球分级，小的扔掉，大的留下，最后进行栽种就可以。

酢浆草一般在阳光下开花，阴天、雨天、夜间都不开花。

立金花

适合秋天栽种的一种花，一种小众的球根植物，要栽种在颗粒基质的小花盆中。

彩叶芋

彩叶芋的球像小土豆。海芋类的很多植

物，夏天可欣赏它无比美的叶片，佛焰苞的花序。秋天温度降低时逐步枯萎时要断水，冬天来临时储存营养到块根。

彩色马蹄莲

马蹄莲种类很多。常见的就是春天开白花的那种，非常清新的感觉。彩色马蹄莲色彩多样华丽，甚至有黑色。

绝大多数人栽种马蹄莲有两种方法。第一直接买马蹄莲的盆花，"哇，好漂亮"，放在屋里窗台上看了一个月，"哇，为什么黄叶了"，然后死了，就丢了；还有一种是买昂贵进口马蹄莲块根，拿到后随便一埋根本没有发芽就结束了。

马蹄莲也喜欢日照，可以用 17~18cm 的花盆栽种，覆土 3cm，在春季放到全日照环境发芽。

马蹄莲发芽的样子，跟玉簪一模一样，它有亭亭玉立的枝条，展开的叶片又像海芋，又像花烛，花梗又高挑于叶片。开花后黄叶可以不予理会，让它自然枯萎，再轻轻用手一拎就掉了，然后把花盆放在阳台角落里，不再浇水，不再做任何打理，第二年 3 月，

翻出来这一盆花的种球，重新种就好了。马蹄莲是多年生的，随着球体越来越大，花量也会越来越多。

火星花（雄黄兰）

在花园可以作为自然材料来栽种。但火星花耐阴性不好，一定要在全日照的地方。火星花的球和唐菖蒲的球很像，只是要小一些，它生小球能力很强，我花园里常常种，夏天十分热烈。还可以插花，连着它的叶和茎秆取出来，做成中式的花艺作品。

▼姜荷花‘梭罗’ ▼火星花

火星花花序很长，像荷包牡丹一样，但栽培比荷包牡丹容易，给它日照就好，没有任何养护难度，栽种基质 3 倍球的厚度，覆土 5cm 就可以了。

晚香玉

有一部小说叫《香蜜沉沉烬如霜》，我非常喜欢，小说里说，"我送你一颗晚香玉的种子，它在夜间开放"。但实际上，晚香玉是夏季到秋季开花的，白天开花，是一种线性花材，高挑，极香，甜蜜且带有国兰的幽香，很远都能闻到。

有一年，我种了很多晚香玉的一个 15cm 的花盆里，全部都开满了花，秋天我把它收到小棚子里避霜，让叶片慢慢往种球里回收营养，整个冬天都没有浇水，叶和花都枯萎，泥土完全干枯成月饼样的脆酥皮，我把土剥开看看它的球怎么样了，干瘪了没有，当我把土全部拨开，震惊得无以言表，因为一个晚香玉的球，竟在这花盆里面生了 19 个小球，围绕着母球的全部是小葱果大小的球，这竟是在冬天干燥的土壤里长出来的。所以我常说，冬天不要去放弃你的植物，它从来不曾放弃自己，这么多小球在周边一圈长出来，就像环绕着地球的卫星一样，成为母亲的保护神，我特别感动。

晚香玉特别能"生仔"，春天来的时候，它已经生好了。你轻轻一摔，然后小球就可以分株了。晚香玉也是上好的切花材料。栽种不要太容易了，就是喜欢强一点的日照，没有其他要求。

姜荷花

姜荷花有很强的雨林风格和热带风情，有点像奇趣植物凤梨。非常耐热，每一个花瓣中间有积水，就像是积水凤梨一样。

姜荷花球根非常特别，首先有一个"脖子"，和大丽花一样，更加明显的是它的"脖子"上面掉了一根"绳子"，绳子实际是它的根茎，绳子下面掉了很多坨坨，这个坨坨就是"奶罐"，是它储存营养的根茎部分。这让我想到我们的狐尾天门冬和麦冬，它的根上面也有一个两个小小的坨坨，其实也是它的营养组织。

栽种姜荷花一定要在温度高的时候，一般发芽就要发一个月，一旦发芽出来，长得就会很快很猛，像竹子一样。

姜荷花在开完花之后深秋休眠，休眠时一定要断水，不可以放在又冷又湿的室外，要放到干燥的室内。第二年春天，它的奶罐就会变得越来越多，花就越来越多了。

落新妇

落新妇不是一个球，它其实是一个大大的块根。园艺栽种的通常是进口的，虽然在中国兴安岭这些北方地区也有很多原生落新妇，但是园艺品种的落新妇几乎都是从荷兰直接进口的。

落新妇的块根像猴头菇一样，大小约有拳头那么大，顶层全部长满了不定芽。种球类耐阴的

并不多，落新妇是难得的耐阴植物。可以年复一年开花，要求就是不可以积水，并且一定要在荫蔽环境才长得好，在一楼能够种好玉簪的地方，种落新妇就没有问题。

我喜欢落新妇，它的叶片像蕨类植物一样疏落，它的花在森林里面带有明显的捕光效果，同时它是一种难得的蜜源植物。

还有哪些东西可以捕捉光线呢？你尝试去观察一下花园里面的蜘蛛网，当清晨的阳光照射在上面，你会看蜘蛛网上的光在华美地流淌。如果不是蜘蛛网的存在，你能感觉到光在流

淌吗？感觉不到。所以蜘蛛网就捕住了光。落新妇也通过它的花序捕住了光。其实能够捕捉光且自身就有光感的植物原本是不多的。此外，还有秋天的蒲苇花序，春天独尾草花箭，兴安岭林下原生升麻白色的花序，只需一缕阳光，所有的一切都沦为它们的背景和阴影。在任何一幅画中，都有高光的部分，捕光的植物在花园里面就充当了高光的存在，它能够提亮花园。

落新妇的花色也很多，不需要年复一年地起球，也不需要分球，花序随着种球长大逐年增多。

5 朱顶红

1 常见朱顶红的园艺栽培种类

现在一般栽种的朱顶红，是在冬天进口的，中国也有原生种。因为它一般 1 枝花莛上要出 4 个大"喇叭"，所以俗称"炮打四门"。养护得当，可以花开两季，有很强的生球能力，没有什么养护难度，适合新手。

通常园艺栽培的朱顶红来源于几个大的地区，一个是秘鲁，一个是南非，一个是荷兰。国产的朱顶红并不是太多。这就意味着从采收、分级、报关、装箱、装船运输，再到冷库储存，再周转到花友手中，要经过 40~60 天的漫长周期。

收到后，我们如何去养护它呢？养朱顶红，就像养孩子一样，第一年就照书养，第二年当猪养。

朱顶红的第一年为什么要照书养？是因为它挖出来的裸球的根系已经受损，要在栽种后的环境里养出根来，这点很重要。第二年为什么可以当猪养呢？因为一旦有了根，它的抗寒性、耐热性，各种性状大幅攀升，并且通常在第二年就已经开始生子球了。

2 南非和秘鲁朱顶红的栽种方法

"南非朱"和"秘鲁朱"很容易栽种，是因为产地在南半球。南半球在冬季采收，运输到我们国家正好是 9~10 月份，温度正好适宜裸球栽种，一般新球在避雨的情况下栽种，40 天左右就可以开花。

具体如何栽种呢？我一般用 17cm 左右的陶盆，用粗颗粒的基质配比，然后修掉朱顶红干枯的根系，剥掉它表面干枯的皮，轻轻地把根系埋住，轻轻地，就像我们坐椅子似的，基质就是椅子，让那个球的屁股轻轻地挨着椅子坐上去，然后压压就可以了，不要覆土埋球，因为埋球在没有根系的情况下很容易烂掉。

朱顶红历经长途运输，在冷库里拿出来放在室温条件下就容易长青霉，这是正常的，不必担心，不会影响种球活力。

10℃及以上就可以露天避雨栽种，低温是诱发灰霉病引起烂球的最大原因。

种好后，朱顶红第一年的浇水也很讲究，浇水的时候一定是沿着球体的边缘用极小的涓涓细流，一点不打湿球体芽的部分，也不打湿球，只打湿它坐下去的椅子，相当于让它坐一个湿板凳，那个基质打湿一点点，润润就可以了。而且一定是浇半截水，不要浇透，不要打湿整个土壤和基质，因为它没有根系和叶片，蒸发不了水分。一点点水诱导它的根盘部分，让它能感觉到土壤潮湿，从而开始长根，钻进土壤。根据它的根长出来的情况，感觉到它的根稳了、牢了，浇水量就逐步地、慢慢地增加一点点，再一点点。

如何判断它长出根没有呢？你只需要用一个小指头轻轻地去戳一下这个朱顶红，看它有没有摇晃。扎根的朱顶红，它一定是牢牢的。或者，你根据摇晃的程度来判断它有没有扎根。不要每天拔起来看一遍长根没有，这样子永远长不了根。一般朱顶红栽种在基质里面，给它合适的温度，浇一圈水，第二天就可以看到它"吐舌头"，就是它的花芽开始出来。我曾在冬天测试了84个品种的朱顶红，全室内环境栽种，开了一盏灯，绝大多数品种在一周内全面开始出花箭。

荷兰朱顶红一般种球很大，采收较晚，通常12月甚至1月才能到达消费者手上，这时正值低温，尤其是在成都、重庆这样既无暖气，室外温度又很低的地区，一定要种在室内的窗边，开一盏热汀，把室内的温度控制在10℃以上，避免低温高湿导致它的鳞茎皮一层一层地烂掉，这是它储存营养的组织，要保护它，否则剥掉虽然不影响它第二年活着，但是会影响花量。一般说，朱顶红的周长能够达到26~28cm，就会有2枝花箭8朵花；26cm及以下，通常是一枝花箭或两枝花箭。所以种球越大，花箭越多，花头的数量越多，当然也就更值钱了。

3 荷兰朱顶红的栽种方法

① 收到荷兰朱顶红以后，要去掉烂根枯根，剥掉表面黄色的皮，如果运输过程中有软烂的部分，像挖烂苹果一样挖掉，也不影响成活。只要它的根盘在，它就可以生根发芽。

② 用粗颗粒的基质栽种，用前面提到的"屁股挨湿板凳"的方式。

③ 一定要放在温度高于10℃，最好在18~20℃左右的窗边。

这样两天以后就可以看到它开始出花箭，40天左右就可以开花。开完花后等它长叶、长根，待春节后，气温稳定在15℃及以上搬到室外去。请注意，在第一年栽种荷兰朱顶红的过程中，一定要每隔一天摸它的球，轻轻地摸，就像去挑选水蜜桃似的，摸它硬不硬挺，但凡软烂了的，要及时地挖掉烂的部分，并用百菌清干粉撒在伤口上面，避免再次感染。

第一年就这样好生精心养护它，会给你惊人的回报，会在春节前全部开花，无比华美。剪花后留下空心的伤口，切记不可让伤口淋雨或者沾水，否则水会流到球心部分，并开始从球心开始腐烂，这是毁灭性的，与表面一点腐烂是有本质区别的。等伤口完全干枯收缩，看不到伤口后才可以沾水。

第二年的春天，在球体表面上撒一层奥绿肥。朱顶红有一个特征，它就像人怀孕一样，卸完货之后球就变小。所以开完花之后，它那个鼓鼓囊囊的球立马就缩水，瘦身 1/3~1/2。本来厚厚的鳞茎皮，变成了很薄的一层，要在夏天对它进行修复，必须有营养来支撑它恢复以及生小球，通常在 3 月和 8 月在表面撒一把控释肥，奥绿肥即可。注意不可以撒到球体的芽心部位，撒到土壤表面便可以了。

第二年冬天，朱顶红的叶片有可能非常长。在广东、广西地区，可以在立春前把长叶子割掉，让它第二年开花的时叶片短一些，花箭高一些，看起来更具美感。想要朱顶红的叶片长得短一点的话，第一注意要盆栽而非地栽，第二要尽可能地给它好一点的日照。现在也有一种蜡封朱顶红，因为它干净清洁，放在任何地方都可以开花，所以受到很多人的欢迎。不需要浇水，也不需要施肥，甚至不需要栽种，自然放着就能开花长叶。

当然，像我这样的重度爱好者即使花后也舍不得丢掉，就可以把它表面的蜡敲掉，然后在春天栽种在花盆或者花园里面，这样蜡封朱顶红就不会被浪费掉了。

想要朱顶红年复一年生小球，就在每年的 3 月换加大一号的花盆，去掉干枯空心的根系，去掉部分已经没有营养的老土。

▲ 刚刚定植的朱顶红种球

▶夏韵老师家的朱顶红「花苹果」

植　物

6 郁金香

郁金香在早春发芽，然后长出泛蓝的叶片，开出无比美艳的花。郁金香在中国大部分地区于 12 月栽种，通常在 3 月开花，此时大部分花灌木都还没有苏醒、没有发芽，郁金香就来报春了。

郁金香分为两类：一类是自然球，一类是五度球。所谓五度球，就是已经进行过低温春化处理的球；自然球是未经春化作用的，需要在花园里面栽种和露天环境里长达 40 天的持续的低温才能进行花芽分化。自然球的花色品种选择更多。

所有的地方都可以栽种五度球，像在成都栽种五度球，花期会比自然球更提前，自然球的花期是 3 月，栽种五度球的花期就是 2 月。

园艺种郁金香一般作为一二年生植物栽种，另外还有一种原生种郁金香，它可以年年复花，特点是球小、花小，适合小阳台、小空间，用小花盆密植，开放有很强的山野烂漫感觉。

郁金香在花园里栽种，有两种方式。一是自然栽种，就是朝着天撒，就像喂鸡一样，撒落在哪里，就种在哪里，可以混着洋水仙一起这样撒种，有的密，有的稀，就像自然生长的一样；另外一种栽种方式就是 9 球、15 球，这样一球紧接一球栽成一个团，两团，三团。郁金香栽种时覆土约 10cm 左右即可。

在阳台、小花园，郁金香更适合用陶盆组合栽种。春天，家门口郁金香一大盆，洋水仙一大盆，葡萄风信子一盆，风信子一盆，还有雪片莲一盆，番红花一盆，会吸引所有人的目光。

◀郁金香'香奈儿''紫衣''幸福一代'等

7 其他适合冬季栽种的球根植物

番红花

番红花也叫藏红花，但是藏红花园艺品种和原生品种是有区别的，用于做药材的常常是原生种。所以本书中的植物，除开蔬菜章节和香草章节，均不建议食用。

番红花也密植、群植，欣赏它花瓣上面的条纹和花药突出来的部分，植株小而可爱，一个手掌大的容器就可以栽种。

番红花、葡萄风信子、风信子、花韭、雪光花、虎眼万年青这类小巧可爱的植物，都是非常好的亲子植物，它们会很快发芽，长叶，开花。

蓝铃花

就是《天线宝宝》里面的蓝钟花。它的花序野趣感十足，就像我喜欢去的川西高原看到的一层一层的野生植物。

蓝铃花很容易生小崽，所以在森林落叶乔木下一片一片的。在3~4月，一丛一丛地突然窜出来，几天便成片开放，像蓝色的地毯！

家庭栽培给它一个小花盆就可以了。花园地栽一定要栽在落叶乔木下，这意味着蓝铃花生长期其实是需要光照的，因为落叶乔木叶片长出来荫蔽的时候，正好是蓝铃花的休眠期，而落叶季正好是蓝铃花的生长期。所以蓝铃花生长在树下，并不是喜欢阴的环境，我曾经把它种在常绿的乔木下面，就没种活。

风信子

小小的风信子芳香四溢，容易栽培，花序、花箭都很美。

风信子有两种栽培方式，一是水培，二是土培。水培时将根盘的部分，就是屁股部分，离水2cm的距离，而不要浸在水里，让水汽诱导它长根伸进水里。想要水培风信子长出好看的根系，可以用黑色的塑料袋把这个瓶包裹起来，放进冰箱40天，拿出来之后，花芽就完全分化好了。

风信子开花需要足够的低温，否则容易"夹箭"，或者不开花。所以尤其不能放在暖气房里。

盆栽风信子要密植，一个球挨着一个球，覆土10cm左右。一个20cm的小花盆，可以栽种7球，这样开出来的花才整整齐齐。栽好后一定要放在户外，让它度过寒冷的冬天。如果在南方想要盆栽风信子成功，有一个办法，就是栽种后浇透水，放进冷藏室里，2~8℃左右的环境40天，风信子就妥妥地全面长根开花了。

▲蓝铃花

▼番红花

植 物

葡萄风信子

葡萄风信子有蓝色、渐变色等，一串一串的，像葡萄一样挂起来，香味很好闻，体量小，非常有特色。第一年栽种，叶片短短的、花序高高的，也可以像风信子一样密植，但是葡萄风信子不可以水培。露天栽种时种球埋下去5cm左右，密植，球间距大约1cm左右就足够了，一般10球20球地盆栽，因为株型小，可以用矮一点的小花盆。

葡萄风信子也能带给人很强的春天气息，它多年生，开完花后，可以把它随便埋在花园的任何角落，夏天休眠，秋天猛地长出来。第二年叶子往往比第一年的要长很多，可在它花期的时候把叶子编成三股辫、四股辫，围绕着花盆边缘，给它扎一个蝴蝶辫子。花是花，辫子是辫子，也别有情趣。当然也可以把叶子给剪短一些。

香雪兰

香雪兰多年开花，开花后不用太多打理，次年会继续开花，注意不要积水即可。非常适合作切花，有芳香。盆栽香雪兰一定要深埋，种球密植。长到一定高度的时候，要给它一个15cm的支撑架，避免倒伏。

花葱

花葱有大花葱和小花葱，小花葱就像我们吃的葱开的花一样，大花葱可以开出超过20cm的大花球。花葱在欧洲和我国北方地区很容易栽种，年年开花，但是在南方地区，就像德国鸢尾似的，因为雨水多，空气湿度太大，往往会烂球。

所以每一个植物都有它的特征，每一个地方都有它适合的物种。在北方适合种花葱，在南方就种百子莲。

雪片莲

雪片莲的球很像洋水仙，像独蒜一样大。

雪片莲是比较少有的林下植物，在英国，蓝铃花和雪片莲本身就是原生在落叶乔木林下的，一片一片的，开满了整个森林。我清楚记得，在海蒂才一岁多的时候，我带她看《天线宝宝》，《天线宝宝》里面的一个故事讲述说，啊，春天来了，蓝钟花开了。翻译的是蓝钟花，其实是蓝铃花，里面也有一丛接一丛的雪片莲。所以雪片莲也是丛植才好看，三五个球成簇栽种在一起。

雪片莲在很多纪录片里都有介绍，在冰天雪地里，两片小叶子挣扎出雪面，小小的身体，开出小小的花来，这时候冰雪开始溶化，画外音会说：春天已经来临。

雪片莲多年生，夏天休眠，冬天再次长叶，春天再次开花，不需要打理。你栽种下去，成功一次，在花园里面就再也不需要管它，它年复一年地在开。

雪片莲栽种覆土8cm左右即可，耐阴、

耐贫瘠，可以栽种在落叶乔木下，也可以盆栽在阳台。

银莲花

银莲花有籽播的，也有块根栽种。银莲花的球是一个小小的"土豆"。种子播出的银莲花，在夏季休眠期结束后，也可以搜集它的"小土豆"储存起来，秋天20℃左右的气温再种在花盆里，春天又发芽。

除朱顶红以外，冬季球根一般都喜冷凉。

雪光花

它的小种球也是小拇指那么小，特点在于它的花有珠光感。小花盆栽种，花头整整齐齐。球根是多年的，近距离地去看它的花，在阳光下呈现出那种飘过去、飘过来的很强的珠光感。养护没有任何难度，9cm的花盆3~10个球去栽种就好。

玉米百合

很小的球根，它的花灵动、疏落。玉米百合要瘦养，就跟之前提到宿根植物的大滨菊一样，不要让它长得太高太壮而倒伏。玉米百合在春天开花，也是一个多年生的球，生小球的能力也很强，栽完第二年都是球，不需要再买。

中国水仙

中国水仙一般在春节前一个月开始培养，

▼玉米百合

春节开花，都是一次性使用。养中国水仙，大多数人都遭遇挫败：前面三天开心得要命，长得好快哟，比蒜苗还快，接下来你会发现花少叶多，叶能长到 30cm 那么长。这是因为在室内温度过高导致的。

养好中国水仙该怎么办呢？一是盆栽，放在户外 0℃ 左右冷养；第二，把球洗白白，放在浅盆，配上石块水培，每天晚上把水倒掉，早晨再添水，放在室外 0~10℃，且有日照的环境，这样 40 天左右便可培养出叶片矮壮、花多，芳香浓郁的中国水仙。当第一朵花完全开放时，便可以放进室内任何地方观赏了。春节阖家团圆时，水仙花静静开放，清香馥郁，年味更浓。

独尾草

独尾草也是一个强的捕光植物。株高可达 2m，花序达到好几十厘米，密密麻麻的花头有强烈的光感。在自然式花境里栽种独尾草，很容易被它高挑而疏落的花序所吸引。独尾草也是年年复花的。

文殊伞百合

文殊伞百合是文殊兰和朱顶红的杂交种，它有巨大的种球，年年复花，而且可以多季开花、花香四溢，很容易生子球。花期秋季，花色粉色，很明媚。要注意的是及时观察防虫害，栽种方式参考朱顶红。

虎眼万年青

切花市场里比较常见。有园艺种，它的球根比小拇指还要小，一个 5~6cm 的花盆，里面可以种 5 球。但栽在花园里面你可能很难去发现它，一脚把它踩死了可能都不知道呢，所以最好是种在小花盆里面细看。

花韭

需栽种在花园完全不积水的地方，20 球形成一个组团。在春天的时候很少有如此明媚的蓝色，可以重复开花，而不需要怎么打理。

花韭是做岩石花园很好的春季材料。一般要抬高花池，更利于它的欣赏。或直接盆栽，也适合阳台。

围裙水仙

洋水仙另外还有一个小的分类叫围裙水仙，洋水仙都是唢呐形状的，而围裙水仙像洛丽塔的裙子似的，古典风格，所以得名。

围裙水仙一定要小花盆栽种，9~10cm 的花盆栽种 5 球，很适合跟孩子一起种，年年复花。

小球根非常适合岩石花园。我最近几天一直在想，如果建一个大花园，我要建什么风格。我一定会整一个高山风格的花园，很多砾石、沙砾，然后在里面慢慢地拿着放大镜去寻找一棵花韭、一棵雪光花，寻找高山植物，就像我们去山上找绿绒蒿、塔贝一样。

植　物

花贝母

中国绝大多数地方都不太适合栽种，它喜欢高海拔的地方，比如西藏、新疆、云南这些地方可以尝试栽种花贝母。它美极了，那种异域风情，非常迷人。但栽种很难，在成都是种不出来的，还没有开花就烂球了，它需要长时间的较为冷凉的气候。

洋水仙

洋水仙是漂洋过海来的，跟中国水仙最大的区别就是没办法水培，因为它需要根系从土壤里吸收营养。还有个区别就是洋水仙可以多年开花，而中国水仙花后就做堆肥了。

洋水仙品种很多，有高高大大的品种，像'荷兰船长''嘹亮'，也有小花型的品种，像'悄悄话'，还有芳香型、重瓣型，花色也很多。

洋水仙盆栽想出效果也要密植，球挨着球栽种。第二点就是深种 12~15cm。总体来说养护没什么难度，直接露天栽种。想要年年春天都开花，不要在夏季涝着它就行了。

垂筒花

垂筒花是我八岁的小女儿噜噜最爱的植物，因为它喇叭状的花很可爱，姐姐在她生日的时候就画垂筒花送给她。

垂筒花也是少有的能够持续开花、持续长球的球根植物。花期从 10 月一直到翌年

5 月开不停，1 个球第二年可以变成 10 球左右。

球根植物里面可以在一年中持续不断抽花箭开花的有垂筒花、风雨兰、晚香玉。

经过我的测试发现，垂筒花耐阴性比较好，在阳台以及一楼较阴的环境，地栽和盆栽都可以。最可贵的是，它能够在春节期间露天开花。但在冬季打霜时，要给它遮一下，即使一张报纸挡一挡，都要好很多，不要让花直接被霜打，否则会软趴趴烂掉。

说起霜冻，如果冬天白天大太阳异常暖和，晚上十之八九要打霜，所以要对花园的特殊植物进行覆盖和遮挡，包括杜鹃、垂筒花、三角梅、松红梅这些类型，第二天太阳出来揭开覆盖就行了。

花毛茛

花毛茛种类很多，有爪子型的蝴蝶花毛茛，适合作切花；也有像牡丹花型的牡丹花毛茛，市场名洋牡丹。它是像三七一样的小小的块根，所以冬天要对它进行湿巾催芽。

催出来芽、长出来根之后用 12cm 的小花盆假植，花盆长满根之后再换大花盆定植栽种。为什么需要假植呢？因为它的球小，土太多浇水后不容易干，球就容易烂掉。花毛茛是夏季休眠，休眠之后完全断水养护。秋天气温低于 30℃ 就可以催芽和栽种。

▲洋水仙

▲垂筒花

划重点：种球植物的保存要点

　　种球总体来说容易种植，只要不积水，给足日照即可。保存起来也很容易，虽然各种
球根之间有差异，但大抵说来就是断水。像百合、大丽花我都试过这种方法。我把一整盆
枯萎的大丽花上面割掉，然后放在一个完全断水的盆里，完全不加打理，第二年取出来再种，
这是我的土方法。

　　需要强调的是，球根黄叶以后全面停止浇水，放到不能淋雨的荫蔽处。注意花盆要通风，
因此不可以几个花盆重叠放。有一年我们把花盆摆三层，底下两层的球根全死了，上面一层
因为通风全活着。因为种球是活体，需要呼吸。

植　物

常见球根植物信息表

球根种类	栽种时间	栽种深度	进口球根花期	自然花期	休眠时间	存储温度	休眠保存方式
百合	10~30℃气温条件下全年可种	10~15cm	全年可实现	5~8月	11~翌年2月	3~5℃	叶片枯黄冬季休眠后不用起球，盆栽可控水避雨保存，地栽可不起球仅停止浇水即可
大丽花	3~4月	露头发芽，发芽后覆盖3cm	5~11月	5~11月	11~翌年3月	0℃以上，5-9℃最佳	起球保存，最好放在8℃以下、3℃以上的室内阴凉处，用稍带湿润的稻壳或是泥炭放在纸箱里覆盖，用剪刀戳出透气孔，然后放入球根收藏
唐菖蒲	10~30℃气温条件下全年可种	10~15cm	全年可实现	5~6月	11~翌年3月	2~5℃	起球保存，晒干表面，用透气性好的编织袋装起来，像大蒜一样干燥保存即可
风雨兰	全年可种	3cm		4~9月	11~翌年1月		一般不用起球
球根海棠	春秋2季	3~6cm	3~11月	3~11月	11~翌年2月	5~10℃	起球保存，存放在干燥、黑暗、冷凉的环境中
酢浆草	9~11月	2~3cm		12~4月	5~8月	2~5℃	盆栽不用起球，直接断水放置在常温的避雨通风处
彩叶芋	5~8月	3cm		观叶	12~翌年2月	2~5℃	起球保存，使用干报纸包好，放置阴凉处存放
彩色马蹄莲	10~30℃气温条件下全年可种	3~5cm	全年可实现	4~6月	6~11月	2~5℃	北方地区起球放入冰箱保存，其他地区不用起球，直接断水放置在常温的避雨通风处
晚香玉	3月~12月	3~6cm		7~11月	12~翌年2月	2~5℃	不用起球，直接断水放置在常温的避雨通风处
落新妇	全年可种	3cm	4~5月	4~5月	10~翌年3月	2~5℃	不用起球，直接断水放置在常温的避雨通风处
姜荷花	4~5月	3~6cm	6~10月	5~10月	12~翌年3月	5~10℃	姜荷花不耐寒，需将球或花盆断水存放在5℃以上、15℃以内的温暖室内
朱顶红	全年可种	露球栽种，仅埋土到根盘位置	栽种后40~60天	4~5月	12~翌年2月	全年5℃存储	不用起球，盆栽移至半日照阴凉通风处，存放温度在0℃及以上
郁金香	10~1月	10~15cm	2~4月	2~4月	6~9月	自然温度	不建议留球
原生郁金香	10~1月	3~5cm	2~4月	3~4月	6~9月	自然温度	起球保存，使用干报纸包好，晒干后冷藏，地栽可不起球
番红花	11~1月	3cm	2~3月	2~3月	7~9月	自然温度	起球保存，使用干报纸包好，晒干后冷藏，地栽可不起球

续表

球根种类	栽种时间	栽种深度	进口球根花期	自然花期	休眠时间	存储温度	休眠保存方式
蓝铃花	11~1月	3~6cm	2~3月	2~3月	7~9月	17℃	起球保存，使用干报纸包好，晒干后冷藏，地栽可不起球
球根鸢尾	11~1月	10cm	3~4月	3~4月	7~9月	2~5℃	起球保存，使用干报纸包好，晒干后冷藏，地栽可不起球
风信子	9~1月	可露球栽种，或是埋球5cm	1~3月	1~3月	7~9月	9℃	不建议留球，如要留球，起球保存，使用干报纸包好，晒干后冷藏
葡萄风信子	10~1月	3cm	2~3月	2~3月	7~9月	18℃左右（10~20℃）	起球保存，使用干报纸包好，晒干后冷藏，地栽可不起球
香雪兰	11~3月	5cm	2~5月	2~5月	7~9月	2~5℃	不用起球，盆栽移至半日照阴凉通风处断水自然存放
大花葱	11~2月	15cm	4~5月	4~5月	6~9月	2~5℃	叶片枯黄夏季休眠后不用起球，盆栽可控水避雨保存，地栽可不起球仅停止浇水即可
雪片莲	10~1月	10cm	2~5月	2~5月	6~9月	17℃	叶片枯黄夏季休眠后不用起球，盆栽可控水避雨保存，地栽可不起球仅停止浇水即可
雪光花	10~12月	5cm	3~4月	3~4月	6~9月	20℃	叶片枯黄夏季休眠后不用起球，盆栽可控水避雨保存，地栽可不起球仅停止浇水即可
玉米百合	10~3月	10cm	4~5月	4~5月	6~9月	2~5℃	叶片枯黄夏季休眠后不用起球，盆栽可控水避雨保存，地栽可不起球仅停止浇水即可
中国水仙	12~2月	水培或土培（全部埋进土中）		1~3月	7~9月	2~5℃	不建议留球
围裙水仙	11~1月	5cm	2~3月	2~3月	7~9月	2~5℃	叶片枯黄夏季休眠后不用起球，盆栽可控水避雨保存，地栽可不起球仅停止浇水即可
洋水仙	11~1月	10~15cm	2~3月	2~3月	7~9月	2~5℃	叶片枯黄夏季休眠后不用起球，盆栽可控水避雨保存，地栽可不起球仅停止浇水即可
垂筒花	全年可种	5cm		11~翌年5月	不休眠		不用起球
花毛茛	10~12月	3~5cm	2~5月	2~5月	7~9月	2~5℃	不用起球，盆栽移至半日照阴凉通风处断水自然存放

06

水生植物

水生植物，水体净化器

它就像空气净化器一样，经过它的净化，水体就会变好。

水生植物重要的意义之一就是净化水体。之后我在后面会着力介绍生态池塘的打造方法，会用到水生植物。现在有一些污水处理厂排放出来的水需要先经过一个生态水域，由水生植物去净化，之后才排到自然的河流之中。

水生植物耐热性好，所以夏天最炎热的七八月缺花看的时候，就欣赏荷花、睡莲等水生植物，还有被它们吸引而来的蜻蜓、小鸟。它的观赏价值、生态价值是很高的。我住在青城山，花园很小，利用后院预制板挖走之后的坑造了一个小水池，只有30cm深，从初夏到深秋，鸢尾、睡莲、千屈菜、荷花次第而开，并且引来了很多青蛙和蟾蜍，花园里因为有这小小的池塘蚊虫变少了。

水生植物分三类。一是远高于水面的挺水植物，包括水生美人蕉、玉蝉花、鸢尾、荷花；二是浮水植物，包括浮萍、睡莲、一叶莲、水白菜；三是沉水植物，是直接生长在水里，多用于草缸造景和生态修复，如狐尾藻等。通常水生植物在夏季表现出色。

特别要注意的是，很多水生植物都是严重入侵型植物。浮萍过多让水体含氧量减少，严重影响鱼类的生存。木贼一旦在湿地里生长就很难完全清除；水白菜（各地叫法不一）如果扔到自然水体里，经几个月的繁育，便会堵塞河道；我的家乡河道也被水葫芦危害过。铜钱草更是"请神容易送神难"，我的花园也被铜钱草严重侵害，很难恢复；另外一个沉水植物狐尾藻，如果池塘中栽植，也会有大面积侵蚀水体的危险，和草鱼放在一起会好一点，因为鱼可以啃食水藻类的东西。

很多水生植物不可以栽种在自然水域里，但是不意味着这些物种本身有错。我们可以把它们栽种在一个小空间里，像小花园、盆栽等，因为它比较"皮实"。

水生植物的叶、茎秆通常是中空的，捏起来有很强的泡沫感。

1 花园水生植物种类推荐

水生美人蕉

如果你的花园较大，可以栽种几丛水生美人蕉。它叶片的纹理有很强的异域风情。但家庭的小花境栽植水生美人蕉难度有点大，因为它比较高大。

菖蒲

端午节在门上挂的菖蒲，可以用来煎水洗澡。我喜欢菖蒲的味道，摸它一把、撸它一下，手上都是菖蒲的气息。我在一个学校造的生态池塘，旁边有一条窄窄的路，路的两边都种满了菖蒲。当有同学经过，她的衣服、裙摆都是菖蒲的香味，很是浪漫！

菖蒲可以用于小规模、大规模的景观以及家庭栽种。

鸢尾

鸢尾属于挺水植物。耐寒的西伯利亚鸢尾在冰冻5cm的情况之下，绿色都不曾褪去。西伯利亚鸢尾不同于德国有髯鸢尾的是，它没有像姜一样的块根。前者可以栽植在水里，后者绝对不能水涝，甚至它的茎都只能铺在地面上，一点也不能埋进泥土，否则很容易烂块根。西伯利亚鸢尾可以直接栽在驳岸边，

也可以没进水体20cm左右。

梭鱼草

梭鱼草蓝色的花序，叶片就像花烛一样，带有明显的船帆感觉。梭鱼草也可以栽种在小小的池塘里面。

红蓼

之前聊到过捕光的植物，蓼就是可以捕光的水生植物。我很喜欢蓼，它秋季开花，非常自然，花序下垂，而且耐阴。

纸莎草

一种很适合栽种在小花盆里造景的植物。因为它高而挺立，也可作鲜切叶。它也很适合栽种在缸等容器里造景，栽种十来根，疏疏落落的，非常有禅意。在池塘里造景长成一大坨反倒不好看。

水芋

如果要建立一个异域风情的水景，可以考虑栽种水芋。我的家乡就有一种芋头，直接是生长在水里面的，有着巨大的叶片，各种颜色，蓝色、绿色、浅蓝色的，甚至黑色、

▲ '路易斯安娜' 鸢尾

植　物

棕色的，各式各样的形状，你可以在下着暴雨的时候去看它，跟荷叶不一样，有很强的南国情调。

旱伞草

旱伞草和纸莎草有相似的地方，也可以用于切花，是很好的结构材料，也适宜于小规模的栽种，比如小水池、水缸等。它本身的欣赏点在于疏落感，三五根一组，非常有意境；而在池塘里，新枝、老枝、枯萎的枝在一起会显得有点乱。

水蜡烛

水蜡烛是好的切花材料。自繁能力非常强，一旦把它请进家的话，池塘到处都是。搓它成熟的花序，像化学反应似的，种荚立马膨大，然后随风飘扬。水蜡烛适合在大空间栽种，不适合家庭。

千屈菜

千屈菜比较适合家养，花序是有点像薰衣草的紫罗兰色。可以在驳岸边栽植，能耐水淹的深度是 20cm 左右。高而挺立的线性花材，适合小花园和小池塘种植。

睡莲

浮在水面的植物有哪些呢？睡莲是一个典型，在我的花园里面，睡莲从 4 月开到 11 月左右，可以整整开上六茬，能完整地、使整个小池塘都飘满花。

睡莲花朵独立地漂浮在水面，深色的叶片和浅色的花对比，显得花简单、冰清玉洁，像一束强光打在上面，从而目光就聚焦在花朵造就的这种光影感受上面去了。

睡莲不适合种在鱼缸，因为它的叶是浮在水面的，你从侧面看到的全是它的茎秆。而适合种在水缸里。

所有的水生植物栽植要留白 1/3~1/2 的水面，一是可以欣赏水体的光影，二是不会让鱼缺氧。所以睡莲在花园里一般是三五个块根组成一团密植栽种。

木贼

木贼在我们的家乡也有原生种，原生种有很多的分叉，而园艺种一般是独一根。

水葫芦

水葫芦也是三两朵便够。

花叶芦竹

花叶芦竹高高大大，高可达到两三米，所以不太适合小花园栽植。如果要建一个生态大花园，可以考虑种植两三丛。

水白菜

水白菜在小花园里可以栽种，小池里面水白菜银色灰调的叶，三五丛，好像许愿灯似的，有一种花自飘零水自流的感觉。但水白菜一定也要控制，有个三五株就够了，多了就可以捞出来堆肥。

沉水植物

沉水植物种类很多，一般家养两三种就够了。在鱼缸中沉在水里，可以欣赏它摇曳的姿态。比如水蕴草、金鱼藻等。

我曾经养过沉水植物，明明沉在水底下，但它突然就开花了，冲出水面开出长长的一串花序来，还有蜜蜂在花上授粉。

水生马蹄莲

水生马蹄莲和球根（彩色）马蹄莲不一样的是：水生马蹄莲是宿根植物，开着白色的花，而球根马蹄莲是个姜状块根，有很多的颜色。水生马蹄莲可栽植在滩涂等浅水环境，而球根马蹄莲却一点儿不耐积水。

再力花

再力花高高大大，叶片呈蓝调，通常用于湿地公园，家庭小花园不适合栽种。

铜钱草

铜钱草也适合小水景，可以用小的容器，甚至泡菜坛子的盖碗去栽种。铜钱草有匍匐根，一旦长出来就要把它剪掉，还不能随意丢弃，否则扩繁太快进入到自然水体容易泛滥，也不可以地栽。铜钱草的养护就是大太阳和给水，其他都不需要。

> Tips:
>
> 水生植物养护注意，一定要瘦养，不可以给太多肥。

2 水生植物造景净化水体案例

1 楼顶花园小水景

多数人理想的楼顶花园的水景常常是砌水池，造假山，养小鱼。但一个夏天暴晒过后，水体由清变浊，由透明变绿，小红鱼游绿水。掬起一捧绿水，肉眼可见布满绿色的藻类。这就很尴尬了，怎么办呢？

其实很简单，捞出小红鱼，捞出盆栽的睡莲等植物，放干水池，在水池底部满铺一层不含肥的素土 10cm，脱掉睡莲的花盆，栽种进泥土，再栽种些鸢尾、荷花，再种些小小的沉水植物，种好后铺 3cm 的碎石（碎石压着泥土放水后不易浑水）；再放干净的水，放回小红鱼，然后靠天吃饭，一个夏天之后就会形成生态，水就会干干净净了。

这是为什么呢？

因为水生植物脱盆栽种后根系无限铺开，吸收水体中产生的养分，水体就不会因为富含养分而长绿藻了。

2 溪水景的水体净化

成都的一个中学，有长达上百米的溪水景，里面有鱼，有睡莲。水体浑浊，全年常绿，年年换鱼年年死，睡莲几乎从不开花，甚至喷泉的水泵也烂掉了，水池深度超过 1m，有安全隐患。

后来我提供给他们一个方案——放弃之前的小水泵以及过滤池，直接向里面填了超过 $10m^3$ 的泥土，深度从 20～50cm 不等，然后翻土栽种荷花、鸢尾、睡莲。第一年夏天就大获成功，再没有鱼死了，鱼也不会被白鹭抓走，它可以匿身于睡莲叶下，植物年年开花，孩子们也爱上溪水景，在这里上生物课，参加兴趣小组，还能观察到我们童年时常见的红蜻蜓。

其实，建设生态池塘和生态水景很快，仅仅需要一个夏天的时间。这个溪水景里 $10m^3$ 的泥土相当于花盆的泥土层，水生植物根系逐渐穿透泥土层之后形成一个完整的根系网，可以吸收降解所有鱼类粪便。

▶ 生态池塘，里面种了睡莲、水生鸢尾等

植 物

07

草本花卉

栽种草花，体验生命过程

栽种草花，去相信，去享受，然后毫无心理负担，非常容易获得成功。

大多数人购买草花都是它们盛花期颜值巅峰的时刻，但我建议草花一定要买苗，尽量不要购买盛花期的草花，这样你会越种效果越差，很糟心。

从苗期开始栽培，看它不断地冒新枝新芽，然后打顶摘心，它的冠幅变得越来越大，给它施一次肥，它会在一个星期左右蹭蹭地齐齐地冒出很多花苞，然后再等一个星期就顺势绽放，你会有参与它生命过程的体验感和成就感。

1 天竺葵

我无比喜欢天竺葵，当初就是被它带进园艺坑的——有朋友分享了我一枝天竺葵，我拿回家用它顶端嫩尖的部分扦插，成活了十几株。第二年春天，在我的楼顶露台，开出了第一朵'夏日玫瑰'，我对着那一朵花拍了100多张照片，那是我人生从一个枝条种出来的第一盆花，那紫罗兰色太美了，株型也美，花苞是如此地多，让我开心不已。

所以它是吸引新手入园艺"坑"的一个重要植物。特别是直立型的天竺葵，各种粉嫩的、橙黄的、红色的品种，比如'日出'系列、'飞溅'系列，很容易吸引新手来栽种。

天竺葵很适合新手的另一个原因，它是可以佛系管理的植物，不需要精心打理和维护，而且适合阳台。

天竺葵天生适合盆栽，不太推荐地栽。因为地栽夏天遇到雨水量大就很难成活，但阳台盆栽可以自然地避雨。

直立型的天竺葵，以及棉毛水苏等等这些叶片有绒毛的植物，往往夏季要休眠。这时候一定要控制住浇水量，只要保持土壤微润就可以了。我们出去度假回来，所有的植物全部死了，只剩下天竺葵还在给你开花呢，它的耐旱性可见一斑。

天竺葵分很多种，直立型天竺葵、垂吊型天竺葵、芳香天竺葵、天使之眼天竺葵、大花天竺葵等。一般直立型和垂吊型天竺葵全国都可以栽植，在北方要放在暖气房里过冬，过年期间依然可以很好地开花。而天使之眼和大花天竺葵冬天的时候需要春化，很适合成都、武汉，以及长三角地区栽种，在早春开花的时候就是一个巨大的花球。

天竺葵对乙烯敏感，所以它一定需要通风，远离塑料制品，远离香蕉等释放乙烯的水果，这也导致在运输过程中容易黄叶的原因之一，需要缓苗。

天竺葵过夏参照玛格丽特扦插小苗，小花盆栽种，直立型的控水，所有天竺葵不能淋雨。

◀各种天竺葵

2 花园其他多年生草花种类推荐

严格说来，多年生草花也属宿根花卉。但这本书把它分开来讲，是因为上面讲到的宿根植物，它们地上部分冬季都会枯萎，而这里讲到的多年生草花，在秋冬季节，反而正是观赏期，例如天竺葵、铁筷子、矾根等。这些植物都有一些共性，例如花期长、常绿、耐反复修剪、容易扦插繁殖、适宜在阳台等小空间盆栽等。

菊科草花

像黄金菊、木春菊这类菊科类的草花，它们跟传统菊花不一样的地方在于不休眠。传统菊花冬季都要休眠，地上部分会枯萎，只剩下根系旁边一些芽。而黄金菊、木春菊、姬小菊可以全年开花。

姬小菊盆栽吊起来养就可以，需要勤修剪。地栽切记不可以沤根，要通风透气，尽量栽种在花池边往下垂。黄金菊、木春菊耐半阴，可在春节期间开花，需要持续不断地摘除残花。为了控制株型过大过旺，可以在每年三月重剪一次，原则是一定要保留底部的新叶新芽。

小木槿

小木槿由于它利于造型，比如做"棒棒糖"，高的、矮的、胖的、瘦的或球形的都很适合。它有海量的花，很容易让初级选手栽植爆盆，所以广受欢迎。

小木槿的养护难点也在于过夏，可参考上面玛格丽特的方法，一是扦插小苗，二是用缩减冠幅的方法。

小木槿和玛格丽特在夏季容易种死的原因，很大程度是"根冠比"不合适，缩减冠幅可以减少它叶片的蒸腾。

蓝雪花

蓝雪花尤其适合阳台栽种，它的花像天空和大海那么蓝，那么深邃。我认为蓝色花里面最美的蓝不过蓝雪花的蓝，轻盈透亮。

它不喜欢淋雨，在雨季的表现就不太好。所以蓝雪花的养护就注意一点：夏天请避雨养护。另外一点，让蓝雪花一茬一茬花之间有休息的时间，所以一茬花过了要修剪它，让它冠幅缩小，不要让它枝枝蔓蔓地长得像八爪鱼一样。收缩冠幅，它在第二茬花的时候能更加整齐、饱满。

▲蓝雪花

第三点，蓝雪花怕冻，在 10 月、11 月下霜时，务必进到室内去，5℃以下的气温就会受到冻害。蓝雪花耐高温高湿，很适合福建、广东、广西地区的气候。

铁筷子

铁筷子也叫圣诞玫瑰，是少有的在冬季开花的植物。单朵花期长达三四个月。铁筷子一般播种来繁育，花色品种很多。

铁筷子栽种要点：不耐积水，地栽不容易成活，在高温高湿地区，根系但凡积水就会死，最好使用透水性比较强的陶盆，基质里面还要加点石块和颗粒让它透水性更好。另外铁筷子喜阴，地栽可以种在乔木下面，盆栽也适合阳台。

铁筷子栽种不要急于换大花盆，而是要小花盆瘦养，花盆太大但凡温度很高、浇水量大了之后，就会根系全烂。

玛格丽特

玛格丽特花色很多，从冬天开始到第二年的春天都开花，因为花小、花朵轻盈，很具自然感。花量大，很容易造型做成球形，花色也很甜美，像软糖 Q 弹 Q 弹的。

玛格丽特最应该注意的就是度夏。第一是春天花后，6 月中旬缩减冠幅，减少对水肥的需要。第二是在 5 月取花开得标准的枝条，可用小纸杯来作为容器扦插，保存实力过夏。

植　物

薰衣草

矾根

矾根耐阴，除了地栽，也适合阳台、室内盆栽，有人说它是上帝打翻了调色板，洒落在矾根的叶片上面。它的新叶和老叶是不一样的，每一片叶的纹理、正面与背面是不一样的。同样的栽种，在不同的环境下，矾根的叶片形态是不一样的。

很多人把矾根种成了一年生植物，主要原因是地栽矾根在夏天水涝而死。我测试栽种的矾根三年都挺好，是因为我栽种的位置抬高，随时去清理它老的叶片，让植株体量不要过大，否则拥挤在一起就会烂掉。总之，别让它高温高湿、沤根就可以了。

矾根最佳观赏期是早春，一枝一枝的花箭冒出来，特别是'栀子黄'，那种白色的、有透明质感的花序从根部高挑地抽出来，十几二十枝，一大簇一大簇的，花园一下就被点亮了。

矾根可以搭配落新妇一起栽种，落新妇高一些，矾根矮一点。

美女樱

美女樱适合栽种在旷野之间，种在贫瘠的、半干旱的土壤，一年开花接近十个月，如果你大肥大水养着它，反而叶片太多拥挤容易死。

美女樱在组合盆栽里也很出彩，作为修边植物，垂下来半米多长，全部开满了各色的花。我常常把美女樱、细叶美女樱种植在

▼铁筷子'花边玫瑰'

▼矾根

铁线莲的花盆周围，因为铁线莲的根系喜欢冷凉，而叶片喜欢晒，所以正好用美女樱的叶片去为铁线莲的根系遮阴。

石竹类

石竹喜冷凉气候，耐阴。石竹种类有很多，康乃馨是非常著名的鲜切花。除了高秆切花品种，还有矮型盆栽品种，比如'一见钟情'，它从头一年的十月持续开花到第二年的八月，中间没有停过。不管你给它多大的一个花盆，它都可以长得很茂密，而且不枯黄，很难得，还会持续地孕育花苞开花。

这种矮型的石竹很适合在阳台空间进行栽种。选透气性好的陶盆以及透气性好的基

质去栽种它，记得去修剪残花，让新芽拥有更多光照的机会。整个植株就会像栽种的一个草头娃娃一样。

薰衣草

薰衣草广受大家喜欢，一是喜欢它的气味，二是它高挑的花序带来的浪漫感觉。

但薰衣草对气候要求很高，中国的云南、新疆伊犁是适合栽种薰衣草的。绝大多数地方像成都栽种薰衣草的话，要选择耐热性极好的一些品种才可以顺利过夏。

薰衣草的蓝色花序也可以用鼠尾草平替。一二年生的鼠尾草其实和薰衣草90%的相似，而且持续开花，耐热性极强。

▼蓝盆花

▲细叶美女樱　　　　　　　　　　　　▲筋骨草

香雪球

香雪球是垂蔓型的，可以常年开花，条件是不断地去修剪花梗和梳理枯叶。它开花的茎像蝴蝶兰一样越来越长，总是开放在顶端。所以当它长度到达一定程度的时候，不要让它持续开花耗尽它的内力，而是要让它在夏季修身养性，保留它足够的叶片和通风，积蓄能量，到秋冬再开花。

非洲菊

非洲菊常用作切花，其实很多品种也是适于盆栽的。我在云南非洲菊的切花基地，第一次看到用盆栽做切花生产的，单朵花期很长，长达20多天。非洲菊忌涝，黄叶要及时摘除。

筋骨草

我在花园里常常栽种筋骨草，因为在成都栽种薰衣草不易成活，但我又喜欢那种浅蓝色的高挑的花序，所以我栽种筋骨草来平替，让它匍匐生长，自由自在，栽种在绣球下方或绿篱周边。筋骨草春季开花，其他季节能完全覆盖住土壤，保持土壤的冷凉以及肥料不流失。筋骨草开花时是焦点，花后修剪之后，则是花园的阴影和背景。

筋骨草过于拥挤时，要注意疏剪，否则容易感染白绢病。

划重点：

多年生草花的栽种要点在于勤修剪，不沤根，以及选择适宜的花盆。它们不适宜大花盆，例如说天竺葵，花盆小一点更利于过夏。然后要注意根和冠幅的比例，不积水。用扦插的方法繁殖。

植　物

3 一二年生草花及种类推荐

所谓一二年生草花，大抵说来，就是当年种，当年结种子后就枯萎死亡；要么秋播，第二年开花结种子，然后枯萎死亡。很多人对于一二年生植物排斥，总觉得它很麻烦，但是稻谷、小麦、玉米，这些粮食都是一二年生植物。大多蔬菜也是当年播种，当年收获，当年枯萎。

一二年生植物主要特点就是它生长迅速，花开持久，它在几个月时间内持续爆花不断，在用尽全力拼命追着光去生长，奋力绽放。

我的花园里每年有5%~10%的体量留给一二年生植物，如果体量过大，就会让花园的结构感不足，而且人工费和花材的成本也很高。那对于阳台空间就不一样了，因为空间小本身花费就不高，可以按季节补充三五株季节性草花，365天都有相应的花可以看。结构植物搭配多年生植物、一年生花卉，有的开花，有的结种，有的休眠……

▼舞春花

百日草

海石竹

海石竹是岩石植物,要用小陶盆铺石头栽种,它的一个小花球很特别。但夏天很容易被热死。

大花飞燕草

我很喜欢大花飞燕草,线性的,带有蓝色和紫色色调。大花飞燕草在冷凉型的气候环境下,可以作为多年生花卉栽培,但一般都把它当作一二年生植物栽种,在头年9月播种,第二年的4~7月开放,8月如果挺不过高温高湿,雨水太多灌进它的茎秆,会烂根死亡。

大花飞燕草有高挑的品种'卫士',花序高度1.2m左右;也有矮丛品种比如'钻石',花梗要短很多,花是丛生的,可以有二三十枝花箭,高度在30cm左右。

虎耳草

虎耳草现在的花色可多了,和我们传统种在假山上的不一样。现在园艺栽种的虎耳草是一个岩石植物,小体量,叶子小得很,花序又密又多,像高原植物一样,开花的时候只有花,没有叶子,也很疏落。

金盏菊

金盏菊秋天播种,春天栽种。用来泡澡有保健的效果。种在蔬菜花园边缘可以吸引蚜虫,从而避免危害蔬菜。花期很长,从头一年的冬天持续开到第二年五月,切花金盏菊瓶插期能超过十天。

雏菊

很多人把玛格丽特、白晶菊这类的小花都叫雏菊,但真正的雏菊是在早春开放的小草花,在花园里可以搭配洋水仙等球根花卉栽种,用陶盆栽种摆在花园入口。

白晶菊

白晶菊生长快、体量大,"人有多大胆,地有多大产",开花的时候只见花不见叶,它对其他植物是压倒性的生长,以胜利的姿态,把其他植物挤得连呼吸的空间都没有。所以谨慎一点用白晶菊做组合盆栽。我曾经用白晶菊和花灌木,还有很多植物一起种植,白晶菊像巨大的北极熊,一大坨全是花,其他植物的花就被挤得半死。

报春花

报春顾名思义就是在春天最早开放,一般立春前后就开始开花。它是冷凉型的花卉,可以耐0℃左右的低温,但夏天一来就枯萎了。皑皑白雪下面,有报春花在开放,感觉

▶鬼针草

▲毛地黄

▲耧斗菜

▲堆心菊

▲虎耳草

跟着海妈学种花

非常有生气。报春适合小花盆栽种，比地栽效果更突出，更适合细细地观赏。

金鱼草

春天开花的金鱼草是线性花材，也是著名的切花。开花的时候就像金鱼的嘴巴一样，去捏它，会张开和合拢，十分有趣，孩子喜欢。金鱼草是一个耐半阴的植物。

耧斗菜

耧斗菜是少有的比较耐阴的一二年生植物，可在北向空间栽种，并维持两三年不枯死。耧斗菜有重瓣、单瓣，花色很多。我比较喜欢耧斗菜，它像我家乡原野里的一种草花——紫堇一样浪漫。花序质感特别轻盈，是花境里常用的材料，但我更喜欢在阳台上去盆栽它。

鬼针草

它其实是野草，种子容易粘在身上，像苍耳似的进行传播。鬼针草的园艺种有很多，适合和矮牵牛、舞春花一起应用，以及在组合盆栽里作为吊篮。

堆心菊

野趣十足的花。我的花园里面有一大片堆心菊，从第一次栽种开始就靠它每年自播。我喜欢它是因为它有很强的自洁性，从来不需要摘除残花，也不需要修剪。从春天一直到秋天都很勤花。

二月蓝

二月蓝就像萝卜开的花一样，但颜色要紫很多。冬天播种，2月开花，而且它很容易自播繁殖。

同瓣草

同瓣草的花瓣像一颗颗闪亮的星星，纯净的蓝紫、浅蓝等颜色，就像天上的繁星洒落在你的面前，洒落在你的花盆里，"blingbling"的感觉，开花的时候只有花，没有叶。同瓣草适合种在花园的边缘，也适合盆栽。

毛地黄

也叫狐狸的手套。是一个极耐寒的二年生植物，通常是在9月播种，11月下地栽种。它有趣的地方在于如果在光照不足的地方，它开的那个圆锥花序就变成一小半边，稀稀落落一点。如果光照充足，它便开一个完整的大花筒出来，花序高度长达1m，从底部往上，逐步开花。

毛地黄是花园"三剑客"之一，另外两个是飞燕草和羽扇豆，都是线性花材，像一把剑一样，直指天空。在南方地区，毛地黄在3月左右就开放，很容易栽种。毛地黄开完花后，就可以换成夏天开花的波斯菊、大丽花种球了。

天人菊

天人菊夏天栽种，在夏末和秋季开花，天人菊富有野趣，很适合撒播。

矮牵牛

矮牵牛品种也很多，甚至有重瓣的，适合栽种在壁挂花盆里垂下来，像花瀑布一样。如果地栽，摘除残花的工作量很大。它也像蝴蝶兰一样，花梗越来越长，总是在顶端开放。因此要让矮牵牛在一茬花量后歇一口气，长出新叶更替老秆老枝。

矮牵牛种得好的情况下可以多年生，也可以通过扦插保存喜欢的品种，也可以收集种子播种。

秋海棠类草花

花园里总有阴面，可以栽种秋海棠类草花。海棠类草花是一个很大的家族，种类很多，大部分耐阴。观叶的，观花的，可以和非洲凤仙和凤仙花一起栽种。但茎秆含水量大，脆弱，不耐运输，栽种的时候，一定注意要控制真菌感染，及时梳理被感染的部分，不要让它长得过密，要通风透气。

柳叶马鞭草

柳叶马鞭草是宿根花卉，但我一般当成一二年生草花运用，因为它两年就需要进行新苗的更替。品种有高的，有矮的。矮的柳叶马鞭草在经过它的时候容易被割到，被猫挠了似的，所以我都不太推荐。

柳叶马鞭草有着薰衣草像雾一样的紫色，所以国内不适合栽种薰衣草的地方，经常用柳叶马鞭草替换做花海。如果栽种在花园里，要不断摘除残花，这样它会不断孕育新的花苞，开一整个夏天。

波斯菊

在藏区也叫格桑花。要瘦养，在肥沃的土壤便容易徒长倒伏。越是瘦养，越是轻盈富有野趣。

六倍利

也叫半边莲，跟同瓣草有很多相似的地方，以蓝色系居多。开花时见花不见叶，像半边莲、舞春花、矮牵牛、太阳花等等这一些草花，通过不断打顶非常容易造型成球。

舞春花

花友也叫它百万小铃、小铃。舞春花是迷你版的矮牵牛，更小的叶片和花朵，比矮牵牛花量更大，更容易形成一个大花球。花色品种也很多，要注意的是要用非常透气的基质栽植，4月开始预防立枯病。

太阳花

太阳花也叫大花马齿苋，很容易种，耐热耐暴晒，太阳一出来就开花，越是暴晒越开得好。太阳花现在花色品种也很多，尤其适合乡村，可在门头上、女儿墙、围墙上栽种，垂下来一大片非常惊艳。

彩叶草

彩叶草主要观叶，也可开花。耐热性尤其好，在北美国家常用彩叶草做组合盆栽，国内常应用于绿化带里做成色块。家养彩叶草参照矾根，不断去修剪不让它开花，欣赏它叶片的美。

藿香蓟

藿香蓟开蓝色花，但它不能像藿香一样用来吃。在夏季越热越开花，可以在阳台栽种。蓝色的花容易形成色块效果，但它不耐寒，冬天会枯萎。

百日草

顾名思义它可以开100天花，花大又重瓣，颜色华美，可以做瓶插，也适合做干花。

长春花

长春花适合夏季栽种在阳台，耐热耐阴，且持续开花，在越热的夏天表现越出色，因而适合在阳台栽种。

千日红

千日红适合做干花，可以在家里摆放很长时间，很适合给孩子们上手工课用。如果地栽，在夏天雨水特别多的地方要注意防涝。也适合盆栽，我用15cm的花盆，直接开花爆盆。

硫华菊

硫华菊是一年生的，当年播种，当年开花，成片栽种很容易形成花海的效果。花期可持续一两个月。

南非万寿菊

　　南非万寿菊花球状，非常适合盆栽。

洋桔梗

　　常用于切花。其实也很适合栽种在花园里，但不太建议盆栽。洋桔梗的茎秆高而疏落，但叶片和株型都不太好看，在花境里，可只突出它的花朵和颜色。

土人参

　　土人参一辈子栽一次就够了，因为它年年自播，年年扩繁·。它开的花像是一个一个的小圆果果。

彩叶薯

　　红薯我们都很熟悉，它是粮食作物；彩叶薯则主要是为了观叶，有金黄色等各种颜

色的，各式各样的，跟彩叶草一样，装饰性极强，也可以结红薯。

夏堇

夏堇非常耐热，能耐35℃以上的高温。很容易形成蓝色斑纹色块效果。

向日葵

向日葵非常适合夏天栽培，园艺种很多，也有宿根型向日葵，但一般都是作为一年生植物。一株'超级向日葵'，通过不断地打顶，可以开放近1000朵花。

麦秆菊

适合做干花的材料，初开的花就是干的，很适合装点女士夏天的帽子。

秋天开花

孔雀草

孔雀草秋天栽种，国庆前夕可以观赏。适合栽种在路边，在蔬菜花园里栽种，明黄色的孔雀草可以吸引蚜虫，避免危害蔬菜。

冬天观赏

虞美人

虞美人有天鹅般的脖子，茎秆上的绒毛在冬季阳光下泛着金黄色的光。虞美人喜光，在日照不足的情况下，会全面倒伏不开花。

银叶菊

银叶菊叶片是难得的银色且反光，新芽像雪花一样，质感特别。如果管养得好，在北向栽种，它可以维持三年左右。银叶菊主要观叶，花也有观赏价值。

勋章菊

勋章菊在冬天开花，它的花像勋章一样非常特别。栽培需要充足日照。

角堇、三色堇

角堇、三色堇也相对耐阴，都是很容易开花爆盆的植物。品种花色非常多。三色堇和角堇的区别是，角堇的花小，三色堇的花大。阳台更适合栽种角堇而不是三色堇。三色堇花大色块效果好，所以适合栽种在公共绿地，角堇更适合家庭栽种。角堇地栽盆栽效果都好。像碎边角堇、小兔子角堇，很适合细看，它的斑纹、气味都非常吸引人。角堇的花很适合装点西式餐点，它是无毒的。

▶勋章菊

植 物

4 摘心，草花爆盆的秘密

作者：时间

摘心，即摘除或修剪植物的顶芽。破除了顶端优势，植物的生长激素就会发生改变，休眠的芽被唤醒，开始发育生长。想要草花爆盆，这种手法是经常用到的。

摘心可以使植株更矮壮，发出更多开花的侧芽。如果想要得到良好的株型、整齐的花期，我们往往需要进行五六次，甚至更多次摘心，才能得到一盆饱满圆润的草花。

针对需要春化的天竺葵，如大花天竺葵、天使之眼，摘心可以在生长和春化的任意阶段进行，不会影响花芽分化，但是摘心会推迟花期。为了尽量获得更久的观赏期，并且让植株获得足够大的蓬径，摘心最迟的结束时间如果是长江中下游流域的地区，一般在惊蛰前后为宜。

▲阳台上的爆盆草花

▲摘心后的天竺葵

▲爆花的天竺葵

摘心操作步骤

1 第一次摘心

对于比较低矮的垂吊类的植物，像矮牵牛、百万小铃、六倍利，4~5cm左右就需要摘心（有些品种比如六倍利'花园新娘'可以调整到3~4cm）。生长迅速，形态比较高大一点的草花，如大花天竺葵可以在8~10cm左右摘心。

通常留4~6片真叶，保留高度高一点为6~8片真叶，不超过10片为宜。

特殊处理：对于叶片密集的生长苗，可以根据长势来判断是否摘心和摘心的时机，摘心以保留合适的高度为原则。

2 第二次摘心

第一次摘心以后，在摘心切口下面的几个侧芽会萌发出来，且长势旺盛。为了取得良好的株型效果，针对侧芽，进行第二次摘心处理。

3 持续摘心

等下一级侧芽再萌发出来，进行第三次、第四次摘心，直到植物覆盖了容器的边缘，芽点分布密度较高了以后，才考虑停止摘心。

▲六倍利摘心前后

▲摘心后，冠幅逐渐饱满的草花

植　物

08

攀缘植物

攀缘植物，立体装饰就靠它

攀缘植物，借着别人的高枝炫耀自己！多数攀缘植物喜欢根部冷凉，枝蔓向太阳。所以我们利用这种特性，可以在花园里大展拳脚，比如一面紫藤墙、风车茉莉墙，爬满立交桥、楼房的爬山虎等等。在成都，这种景象特别常见，驱车在二环路的高架桥经过，一层一层，重重叠叠的，仿佛来自童话世界。

攀缘植物在小空间的应用，可以用于墙的装饰，使普通的墙变成一面植物墙。而它的根系来自地面，管理比很多棵盆栽植物组成的绿植墙容易很多。

爬藤植物的养护就是要根据自己的环境来选择，如果冷，就种耐寒的；如果阴，就种耐阴的，如果晒的厉害，就种耐晒的。攀缘植物能够很好地装点立面空间。

铁线莲‘乌托邦’

1 耐寒的攀缘植物

铁线莲

铁线莲大都耐寒，在东北兴安岭下就有它们的原生种。

铁线莲的栽种点总是让人觉得捉摸不定，很是困难。但其实简单。两种方式，一是盆栽，二是地栽。

第一，地栽，要把花池抬高，花池里面的土壤进行改良，用粗颗粒的基质多一些。花池底部要接着原生土壤，如果是楼顶花园，花池栽种也可以；如果非花池栽种，那要靠着花园的围栏。注意尽量栽种小的铁线莲，不要栽种在积水的地方，因为铁线莲是不耐积水的。

第二，盆栽。记得年年换盆，因为铁线莲到三年以后的根系，可谓是梳也梳不动，理也理不清，尤其彪悍，如果空间有限，一定要注意在冬季切根，或者用控根盆进行栽种，避免它的根系发育过多，挤得太厉害，就会开始烂根死亡。

铁线莲盆栽或地栽过程中，一定要注意牵引的时候，把它的枝条斜着45°或者60°牵引，不要使其呈现一种上香一样直直的状态，斜着牵，让其底部的芽能够受一些光。但是铁线莲的根系又喜欢冷凉，所以最好用植物覆盆、佛甲草、美女樱、矮牵牛、姬小菊都

可以，只要把根部的土壤给它遮住，避免土壤直接接受暴晒温度过高导致根系烂掉。斜着牵引栽种铁线莲的另一个原因是这样第二年的笋芽多，分枝多，花才可以呈几何级增长。

铁线莲的冬季修剪也很关键，如果你懒得记它的分类修剪方法，有个简单的做法：只剪残花、枯枝、枯叶，这样芽点不会受损。

大花铁线莲，在早春的时候容易莫名其妙患上立枯病：长着长着花苞，预计第二天就要开，结果晚上莫名其妙就枯萎了。立枯病其实是根系被真菌感染所致，主要高发于3~4月，可以在这一时期根灌"恶霉灵"。北方干燥，立枯病反而少发。

非常推荐大家种一棵'乌托邦'，这是我最爱的一个品种，可以用它搭配月季'粉色龙沙宝石'。

五味子

五味子是我去兴安岭的时候看到的，野生的五味子结的果十分美丽。可以地栽在栅栏边，搭配铁线莲。

爬山虎

可以在北京露地过冬，品种多。它很适合北方。

凌霄

凌霄常见两个品种。'美国凌霄'花呈橙色，耐寒，'非洲凌霄'花呈粉色，不耐寒。

凌霄适合装饰大栅栏。注意给它一个独立栽种空间，就像紫藤一样，混栽的话其他植物基本上会被它的根系全面绞杀，所以我们要控制它的生长，即"控旺"，不要让它营养生长过旺，可以通过控制花盆大小和土壤的体量来实现。

紫藤

紫藤要瘦种，我曾经在花园门口栽种紫藤，化种下去之后再也不开，就是因为给的肥太多了，疯狂地生长五六年了，也没有开过一朵花。后来我尝试着换了一个方式，栽种在一个20cm×15cm的花盆里面，和之前一样品种，连着花盆埋进土壤，之后年年开。所以紫藤需要控养。

紫藤还要记得在夏季和冬季对当年的嫩枝、徒长枝进行修剪，因为紫藤没有贴着墙壁的自觉性，之后便开始你缠我、我缠你，就会像章鱼似的变得丑了，所以紫藤要驯化它去贴合环境和空间。

▼凌霄

紫藤

2 耐阴的攀缘植物

风车茉莉

风车茉莉像爬山虎一样有吸盘，所以它可以顺着粗糙的墙体表面往上攀缘。其耐阴性非常好，靠着墙壁栽种，两年时间，两棵风车茉莉就可以爬满宽度约 5~6m，高度 2m 的墙壁，并耐反复修剪。所以风车茉莉可以种植于阴冷、不适于种植绿篱的地方。开花的时候，像小风车一样，远远的香味很是浓郁。需要注意的是，在北方地区低于 -10℃，它便不能正常过冬了。

金银花

金银花可以栽种在较阴的地方，因为其不论外界条件如何都能找到光，它太肯攀缘了。现在金银花的种类很多，'小仙女'可以盆栽，它甚至不爬藤，长得很慢，四季开花不断。金银花是一个具空气感的材料。

飘香藤

飘香藤耐半阴，俗称双腺藤。它长势很快，很耐热，但是不耐寒，所以在 0℃ 以下，就要搬到室内越冬，因此飘香藤适合南方。

灯笼花

在成都，灯笼花可以天天开花，装饰一

楼很阴的女儿墙。我见过三利宅院高达 2m 的围墙，墙无论是喷漆，还是贴瓷砖，都让里面的人有坐井观天之感，我建议在围墙根栽种灯笼花，贴墙攀缘，叶片常绿，花开后就凋落，不需要修剪，效果很好。

常春藤

常春藤长势慢、耐阴，著名的常春藤盟校，不知道是否是因为墙上爬满的常春藤而得名。

茑萝

茑萝长势相对黑眼苏珊慢一点。茑萝花很小，像一只小鸟的鸟喙一样，叶片又像蕨类植物一样松散。茑萝很适合栽种在老房子的防护栏上，很有韵味。

黑眼苏珊

一二年生的爬藤植物。南方高楼的阳台上常用，可以攀缘防盗网等，生长极快，当年播种就可以爬到四五米高。

炮仗花

冬季开花的另外一个喜欢日照的植物叫炮仗花，炮仗花极富喜庆感，体量很大，颜色更为华美，难得是它开放在春节期间，在西昌、云南尤其常见。经常看到一面土墙全是一串一串的炮仗花。炮仗花不耐寒，适合气温较温暖的地方。

三角梅

三角梅，也叫叶子花，因为我们观赏的花其实是它的叶状苞片。花期很长，在南方以及多数地方，可以开一整个夏天，非常适合造型。三角梅的花色很丰富。

栽种三角梅想要它勤花一是足够多的日照，二是小花盆瘦养，而不是肥养。养得过肥，反倒长粗枝、笋芽。

牵牛花

郁达夫《故都的秋》中写到："从槐树叶底，朝东细数着一丝一丝漏下来的日光，或在破壁腰中，静对着像喇叭似的牵牛花（朝荣）的蓝朵，自然而然地也能够感觉到十分的秋意。"

牵牛花是一种乡愁花卉。比如我生日在11月份，满地牵牛花匍匐开，早上起来，将一些带有露珠的牵牛花插在花瓶里面欣赏，就觉得满心的喜悦，乡愁得到缓解。

家养牵牛花，要在初夏播种，秋季开花。最好盆栽，控制住它不要长得过旺过大。

使君子

使君子本是一种药材，园艺上用作爬藤植物。如果你要造一个百草园，可以用使君子攀爬廊架。

▼风车茉莉

你栽种下去的那一刻，
它就在你的心中埋进一颗种子，
什么时候发芽，什么时候能够起药效，
不太清楚，但是一定有作用。

09

室内植物

栽种植物，疗愈心灵的一剂良药

去年夏天，我经历过了人生较为黑暗的一段时间。我莫名其妙地呼吸困难，进了抢救室，我感到生命在流逝，然后心慌，四肢发麻，呕吐，心率失常。但是做了全套检查之后，发现并不是身体的问题，可能是因为焦虑。

我从医院回到家里，看到我的花园，因为太忙没有时间打理和栽种，已经荒得稀巴烂，高温的7月，花园已经变成了蚊子的天堂。

我决定开始拾掇、栽种植物。我从室内先开始，种了一棵'斑马'海芋，一棵'黄貂鱼'海芋，一些'萨利安'和蝴蝶兰，连夜栽种到了十一点。后来又逐步增加了文心兰、董兰、龟背竹，各式各样的植物在窗台上越堆越多。

我的洗手间窗台是朝南的，光照挺好。我每天都在马桶上很长时间，要么看书，要么发呆。有一天发呆时，我突然发现那棵'斑马'从它的芽心蹦出了一个卷曲的新芽。之后每天我观察到那个芽逐步地伸出，一点一点地展开。我感觉它像一个孩子似的在伸懒腰，用尽力量展开巨大的叶子。

我在那一刻，突然获得了巨大的能量，从那之后我的失眠和焦虑缓和了很多。

人到中年，或在人生的某个阶段，都会历经或多或少的困难，甚至走入一种困境，有时候这种困境的出现是没有理由的，你也找不到一个具体的解决方法。也许是处理好了一件事情，问题消失了，但是这件事带来的心理、情绪影响，缓和、恢复的周期是漫长的。有人通过运动，有人去登山、旅行、走进大自然。对于我来说，就是去栽种。

其实我每天都在做着与园艺相关的工作，但我的工作就是巡田、安排栽种，并不是亲自栽种。朋友说，其实我已经远离栽种太长时间了，我自己的指甲缝里没有泥土，我没有亲自去为它们浇水，没有蹲下身子去跪在泥里去挖坑栽植物，让它舒根散叶。

当那棵斑马的新芽发出来的时候，我感觉到生命的律动。有人问我，治疗焦虑有什么药吗？我回答：去栽种植物，这是疗愈心灵的一剂良药。你栽种下去的那一刻，它就在你的心中埋进一颗种子，什么时候发芽，什么时候能够起药效，不太清楚，但是一定有作用。

1 室内植物的种植

室内植物的栽种，比想象的容易很多。

我花了很长的时间来整理室内植物篇章，梳理品种类别及其特点，这些都是基于我从最近几年种了100多个品种之后，经历过失败，也体验到巨大的成功，得到的一些经验。目前我的室内植物，有种了700天连续开花的红掌，也有种了400天都在开花的堇兰，还有300多天都在开花、没有停过的蝴蝶兰，也有年复一年花苞呈几何级增长的文心兰。

室内植物的栽种，比想象的容易许多。觉得自己种不好植物，都是被自己吓坏的，而不是做不到，另一方面就是方法不对。"我需要一个补光灯""我需要一个加湿器"……有很多人还没开始就先想到设备，就像我说我的字写不好是因为我的笔不好，我爸爸嘲笑我，人家用叉地扫把写得都比你好，怎么说？

接下来，我将展开把这些植物的栽种要点告诉大家。

一是不要把植物纯粹只当作一个摆件。我走访了广州绿植产业的商家和种植者，

▼海妈浴室的绿植，有'印第安羽毛'蔓绿绒、龟背竹、'粉龙'海芋、'斑马'海芋等

他们说，消费室内植物的人只在乎耐摆不耐摆。

把植物这种鲜活的生命只当成是一个摆件来应用，这是一个问题。如果只把它当摆件，不考虑它作为一个生命的需求，所有的植物，买到的那一刻就是巅峰，每况愈下逐步走向枯萎这条路，这也会极大地伤害栽种者的信心。

所以，在购买植物之前，首先你得把它当作是一个生命来对待，了解它的特点，尽量顺着它的习性。

二是掌握基本的方法。常在室内养的植物几乎都是多年生，是很好活的。它们有几个特点。

第一，室内植物都需要光，散射光也是光，一盏灯也算是光。

第二，室内植物很多都原生于热带，需要有一定的湿度，尤其在北方或有地暖的环境，保持湿度很重要。

如何保持湿度呢？很多人用加湿器，然后把植物关起来闷养，加湿器烟雾缭绕，这也不是不行，但我有更简单的方法，就是群植——把三五棵或者更多的不一样的种类，参差栽种摆放在一起，让它们彼此去交流、去相互帮助和竞争。你把一棵生长慢的植物，摆在一棵非常强劲的植物跟前，你可以跟它谈个心，说，"去跟你的姐姐学呀，看她长得多好呀！"用一棵长势旺盛的植物的气场去影响一棵弱的植物，我用这个方法带回了很多植物。因为长势旺盛的植物，它形成了一种适宜生长的小气候和小环境，意味着空气湿度、光照条件都非常适宜，它会把弱的植物也带好。这也许是一种玄学，但其实细想起来是有科学依据的。人与人抱团取暖，植物与植物抱团就是获得湿度，共享阳光，这是相通的。

第三，温度。很多室内植物，冬天都冻死了。多数室内植物在10℃以上的气温都能成活，但很多地方冬天是达不到这个温度的。如果没有地暖，我也测试了一个理想方式，就是开一个电油汀（不是电烤炉）放在离窗户不远的墙根，植物放在窗边，这样温度较稳定，一般可以安然无恙地过冬。

第四，很多植物都会有休眠期。比如各种海芋冬季会休眠，仙客来是夏季休眠。休眠期可能表现不会好，但不要轻易地把它丢掉，它只是在睡觉而已。你想扔掉它的时候，去摸一摸它底下有没有一个块根，如果硬邦邦的，那么就留着它，第二年自然而然就会发芽出来。

兰科之石斛兰、文心兰和蝴蝶兰

兰科植物很多，我们常分为两大类，一是国兰，我国的传统名花；二是石斛兰、文心兰、蝴蝶兰等等，我们统称为洋兰。

兰花成功复花的做法，在于找到适合它的空间。一旦发现它能够长出新芽来，或文心兰长出新的鳞茎，蝴蝶兰长出新的一片叶子，石斛兰发育出崭新的笋芽，那么这个位置就一定适合这些植物的，然后别随意挪动它。它但凡发了新芽，那么它就决定在此安定下来了。如果怕它偏冠，可以转动花盆。

为什么位置对于它们来说很重要呢？我估摸着是因为在稳定的气候条件下，植物能够自己计划生长，几点有太阳，几点没有太阳，它能够调节自己的生理机能去适应环境，不能让它一直处在错乱中，它的反应没有动物那么快。

我的经验，国兰原生于山野，居家适合栽种在阳台湿度较大的地方，用陶盆栽种。

石斛兰、文心兰和蝴蝶兰，反而适合栽种在室内其他空间，我把它们放在一个有明亮散射光且早晚能够飘过来十几分钟太阳的窗边。

洋兰几乎没有虫害，不需要使用药剂。注意栽培基质要透气性好、透水性极强，比如水苔、树皮。花盆尽量用 12cm 左右的小陶盆去栽种。要求散射光要好，北向也可以，不可以暴晒。洋兰天生的环境是在雨林下，附生在其他植物上生长，所以它耐高湿，但不耐积水，透水性要好。

我总结一下洋兰的栽种一是定植的位置；二是栽种的基质，用树皮或水苔；三是不可以暴晒，也不可以严重缺光；四是在整个周期里，一定要注意浇水是干透后再浇透，浇水像模仿大自然下雨，从上往下淋，全身湿漉漉的浇透；五是洋兰不建议多棵组合在一个盆里栽种，我测种，组合的第二年都没有长新鳞茎，单独一棵种在小盆里的都长了。

Tips: 特殊处理

蝴蝶兰还有一个养护要点，它开花后花梗是不需要剪掉的，它的花开到最末端时，会继续起花苞，持续开下去。我的蝴蝶兰有一年时间就在一根茎秆上起了四茬花苞，一直在开，全年都能开。在营养丰富的情况之下，还会抽出新的花箭，实现一株多花剑的效果。

▶铂金钻、'鳟鱼'秋海棠、'印第安羽毛'蔓绿绒

▲蟆叶秋海棠

▲文心兰

球兰

　　球兰耐寒性不高，在0℃左右就会被冻害，它有厚实的叶片，也属于低光照植物。适合在室内窗边栽种，栽种要点也跟洋兰一样，找到适合它的位置，不要轻易挪动它。生长期要施肥，预防介壳虫，用呋虫胺拌土。

昙花

　　昙花可以在室内窗台栽种。现在的昙花有很多种，有粉色的、卷叶的等等，花色也很丰富。昙花养得好，一年可以开几轮花。昙花养在窗边，可以种在挂盆垂下来，长长的叶片很好看。类似的植物如丝苇、球兰都

可以垂下来。昙花冬季不可以放到户外。

宝莲灯

　　比较流行的室内开花植物，宝莲灯观花期长，比较大体量。它的花序是悬垂的，最好放在较高的地方，更能体现它的特点。它需要一定光照，单棵种在花盆里。冬季保持10℃以上的温度。

秋海棠

　　秋海棠是一个大家族，和其他海棠不一样的是，它们主要是观叶的。品种有'黄貂鱼'海棠、'鳟鱼'海棠等。我测种秋海棠，它在室内温度10℃以上生长很好。秋海棠叶片上

有各式各样不规则的颜色、斑点，几乎不长虫。对光照要求不高，可以定植在弱光照的窗边，成年后开花不断。秋海棠栽种也不要用过大的花盆，一般用 15~20cm 的花盆，一年换盆一次。可以每隔半个月去转动一下花盆，让它均匀受光，这样整个冠幅变得圆润。秋海棠植株可以剪下枝水培长根。

长寿花

长寿花耐低光照，但不耐寒，5℃以下就开始变得软塌。它虽然叶片厚实汁多，像多浆植物，但很容易扦插。花后修剪，可以持续不断地开花。不要栽种在过大的花盆，用两加仑的花盆种长寿花是不太好的，可以种在 15cm 的小花盆里面，大冠幅、小花器，看起来很丰满。

花烛

观花的红掌类

花烛有很多种类。最典型的观花类别就是红掌。红掌后来有了白色、粉色等其他颜色的品种，也相应地叫粉掌、白掌、彩掌。其实像蔓绿绒、海芋、白鹤芋等植物开花，形状都是各种各样的"掌"，实际上它叫佛焰苞。这些花的单朵花期长，我们观赏的掌类部分，实际上是苞片。

红掌的养护其实很简单，把它放在明亮散射光的窗边可以了，每隔 15 天给它一次通

用型肥料，维持它持续开花的能量。

红掌基本没有病虫害，定期擦拭叶片，单朵花期一般半年左右，花后把花秆摘除，它能够孕育出新的花枝。

红掌也有很多品种，正红色的品种'阿拉巴马'是被广泛认知的一种。复色的'神秘'，"掌"是彩色的，比较容易活。我家里种的，一棵能同时开出十来支花箭。建议单棵单盆瘦养，尽量不要组合。

红掌耐 5℃低温，不耐暴晒，尽量不要放在户外养护。

观叶的花烛

观叶花烛是热带植物里面比较昂贵的一个类别。原因主要是它的扩繁非常困难，组培的成本很高。我测种，'领带''火鹤后''火鹤王''水晶''克莱恩'它们长势非常慢，一年也就长出两三片叶子来，叶子非常有特色，可以欣赏它的叶形叶脉。

最近花烛和蔓绿绒这些植物比较受追捧，它们有比较个性化的"脸"，尤其像'克莱恩'花烛、'火鹤后'和'火鹤王'花烛，它的叶片是向下悬垂的，比较像船帆的形状。对比户外植物比如月季、绣球的叶子，它的叶子就像一张精致的面孔，能够与人面对面交流。

花烛类的养护注意基质可以素一点，直接用水苔来栽种即可，中途施液肥就可以，让它长势慢一点，不要太快太旺，让它的根

系和叶片长势匹配。

花烛类的植物光照弱一点，叶片会比较黑，同时抗性会变弱，所以需要适宜掌握光照度，如果高层南向窗边贴着玻璃养就会被灼伤，就需要退到离窗户四五十厘米远的地方，而光照不那么好的比如一层，花烛就可以贴着玻璃养。总的说来，花烛相较于秋海棠和蔓绿绒，需要更多的光照。

仙客来

仙客来是冬天很多家庭都会摆的植物，我在十几年前不会种花的时候，也摆仙客来，开心摆哪里就摆哪里。但其实仙客来是最适合种在窗边的，它是需要光的。它虽然可以弱光照开花，但不意味着不要光。

仙客来的品种很多，有大花的仙客来、青花仙客来（蓝色、紫罗兰色的花序）、也有小花仙客来等等，其持续开花性都很好。

一般仙客来买到后是不换盆的，我测种不换盆的一直开花，换了盆的不仅没有开花，还烂根枯萎。小花盆养仙客来，放在明亮散射光的窗边，在第二年5月，叶片开始变黄，这时候仙客来进入了休眠期，需要断水，待上面的叶子全部黄掉后，轻轻用手提起来，你会发现它的根部发了一个小球，像小土豆一样，这时不用管它，断水放在干燥处就好，立秋以后，它球根会自然发芽，这时把它掏出来换土种下去，

它就会长根，形成一个崭新的植株。球根栽种的仙客来，比播种的效果开花性更好。仙客来结种子会消耗大量营养，要及时摘除残花。

仙客来的浇水不可以像兰花一样从上往下都是湿漉漉的，而最好用浸盆的方式来浇水，不要像淋雨一样浇水，容易生灰霉病导致茎秆腐烂。浇液肥也是浸盆。

堇兰、非洲堇、迷你大岩桐

堇兰、非洲堇、迷你大岩桐这类苦苣苔科植物，对光照要求很低，原生于岩石和溶洞，开花对光照要求也不高，但对湿度的要求高，居家栽种可以放在窗边罩一个玻璃罩子闷养。

可以叶插繁殖，因为要求湿度高，所以扦插后要放在整理箱里闷着让它长根。长新根新芽需要三个月左右，长根后小花盆假植即可。

我测种发现堇兰真是好种，主要注意以下三点。

一是注意在通风不好时，容易生介壳虫，可以在栽种时在土壤里搅拌呋虫胺，用一次能维持半年不长介壳虫。

二是用小花盆栽种，别用大花盆。它对根系要求、对土壤要求是很低的。

三是它的耐寒性不高，室内一定要维持到10℃及以上的气温，才能够全年开花。夏天也不耐暴晒，不耐热，40℃要开空调养护。

3 大型室内植物推荐

观叶天堂鸟

观叶的天堂鸟和观花的天堂鸟是不一样的植物。观叶天堂鸟也开花，但跟观花的开得不一样。观花天堂鸟的叶子窄而细，颜色是银灰色。而观叶天堂鸟叶片像芭蕉那么大，长得很高大。

天堂鸟是一种较为大型的热带植物，在成都，它不仅可以在室内栽种，也可以在花园露天栽种，因为它的耐寒性在0℃左右，只要避霜，就可以顺利越冬。在室内栽种天堂鸟可以获得巨大的成就感，叶片那么大，热带雨林风情十足。

它的养护难度不大，注意花盆土壤透气、不用板结的纯泥土就好。可用透气好的配方基质土，垫3~5cm的陶粒在花盆底，这样保证它根系的通透性、不积水。浇水干透再浇，浇就浇透。

天堂鸟的耐阴性好，但尽量放在明亮的散射光的地方。

绿萝

这里指大叶子的大绿萝。绿萝是大家比较熟悉的观叶植物。绿萝太好养了，但想要让它持续发新叶，就要注意一点，给它散射光照，干透后再浇水，浇水时可以兑一点比例为1‰的通用型肥。

蔓绿绒

蔓绿绒种类也很多，比如'荧光''羽毛''小天使''飞机''铂金钻'等，都是非常适合新手的。和海芋最明显的区别是，它有明显的茎，可以攀缘。蔓绿绒的叶形都很独特，有些是花叶，有些绿叶，有些像飞机，有些像羽毛……

蔓绿绒整体耐阴性比较好，半日照环境、散射光的条件都能生长。蔓绿绒还要考虑控制介壳虫，所以要在基质里面加一点呋虫胺。

琴叶榕

琴叶榕也是比较大型的观叶植物，它比天堂鸟更耐阴，但它不耐寒，冬天要保持10℃以上的气温，不然它会在早春枯萎。另外还要经常擦拭叶片保持干净。

蕨类植物

蕨类植物也是一个大家族，有蓝星水龙骨、鹿角蕨、鸟巢蕨、狼尾蕨等，这几种蕨在室内栽种是比较容易成功的。其他的蕨类室内很难达到所需的湿度。

鸟巢蕨尤其好养。我曾经出差四天，回来发现鸟巢蕨全部枯萎，只有芽心剩一点绿意。我通过浸盆吸水、缓苗等处理之后，一

▲春羽

▲'斑马'海芋

个月又发育成了一棵崭新的鸟巢蕨。所以它的生长力我认为在蕨类植物里面排第一名。鸟巢蕨也非常耐阴。

鹿角蕨的风格很强烈，有一种异域风情。可以用普通的透气性强的基质进行小花盆栽种，但是鹿角蕨的耐寒性不太好，要放在室内空间。鹿角蕨相对也比较耐阴。

蕨类植物栽种失败的原因主要是湿度控制不好，在室内长得半死不活，一旦移栽到花园隐蔽处，就长得油光水滑的。

龟背竹和春羽

龟背竹和春羽都是 Ins 风很强的植物。龟背竹可以种成大型的植物，它会不断发新芽新叶，耐阴性比春羽好，能够在明亮的散射光条件下生长很好。春羽相较龟背竹，要求多一些光照。

我测种，龟背竹病虫害很少，因为它叶片上的斑点、孔洞，虫子认为这个植物病了，

或者有同行来过了，就不爱吃。其他很多花叶的、带孔洞的、带斑点的，都会给虫子这种印象，这是植物长期进化出来的生存策略。

龟背竹的养护很简单，新手也容易养成功。但要选择合适的基质去栽种，用塘泥栽种室内植物是万万不可取的。

龟背竹还可以水培，我曾用水培的方法拯救过一棵龟背竹，抠掉它腐烂的根，放在阳光房里水养，诱导它长出了新根。

龟背竹可以用茎秆繁殖，我剪了三根龟背竹的茎秆，后来它们变成了三棵。

海芋类

海芋类的植物比较多，比如'斑马''黄貂鱼''黑天鹅''绿天鹅''萨利安'，观茎秆的'粉龙''龙鳞'以及花叶的'希洛美人'。

海芋有几个明显的特征，一是像芋头一样，叶子、根茎都像。第二它的茎不明显，

我们看到的高高的杆子是它的叶柄。现在比较受追捧的是'萨利安'海芋，它是一款大型的海芋。但奇怪的是，多数海芋，像'萨利安'和'斑马'，一般它只会让自己保留五片叶子，新叶长出来，老叶就枯萎。'萨利安'海芋很容易生小崽，有休眠期。我现在在测试它的小崽是否能露天栽种。

海芋的生长需要较好的光照，明亮的散射光比较适合它们的生长。'黑天鹅'海芋相对耐阴性要好一点。生长期需经常转动花盆，避免偏冠。

海芋浇水时可模仿雨林中的环境，淋浴式地浇灌。栽种海芋时，最好在基质里配比

呋虫胺。因为海芋，尤其是'黄貂鱼'海芋和'萨利安'海芋是红蜘蛛和蓟马的最爱。

橡皮树

常被室内栽种的植物。现在的橡皮树颜色也很多样，黄绿色、红绿色、黑红色，甚至黑色的等等。橡皮树长势很旺，很少病虫害。

爱心榕

爱心榕也是一款比较大型的植物，它其实是乔木，是一棵树，在室内要靠窗边栽种。耐阴性很好，也耐反复修剪。浇水不用太勤，一般20天左右浇一次透水就足够了。

▼鹿角蕨、琴叶榕、铂金钻、椒草等

4 小型室内植物推荐

除了大型的室内植物，还有很多小巧的植物。比如镜面草，它的叶片非常圆；还有可以悬垂在书架上的卷叶吊兰；还有椒草，它的叶片像西瓜皮一样，非常可爱灵动；合果芋也是很有特色的桌面空间植物，它的耐阴性比较好。

5 水培植物

水培植物干净清爽，非常适合装点办公桌和餐桌。室内植物其实很多都可以水培。比较常见的是富贵竹、'铂金钻'蔓绿绒、合果芋、白鹤芋（一帆风顺）、袖珍椰子、仙洞龟背、虎皮兰、春羽、喜林芋、吉利红、鸟巢蕨、七彩铁、鸭脚木等等。能水培的植物耐阴性都比较好，养护难度都不大，应该说是新手入门比较好养的。水培植物一般不能受冻。

水培苗要选从苗圃就开始水培的植株，整个瓶子里都是它的根系，并且有明显的新根和须根。如果开始是用土栽植的，后来冲刷根系来水培，缓苗期会很长。

我去过水培基地，种植者都是通过营养液去培养的，可以很好地满足植物的生长需要。需要注意的是，根系不能全部浸入水中，必须要一部分露出水面，这样才不会全部沤烂。

6 其他室内植物

室内植物还有很多，比如我们熟悉的虎皮兰，耐阴性好，冬天不要冻着它就好。还有常春藤、发财树、金钱树、幸福树。室内植物对于基质和浇水要求比较高，基质一定要透水性好，冬天温度较低生长缓慢时，一定要控制浇水量。

小结语：

　　室内植物知识点很多，写三五本书也写不完。市场上销售的室内植物品类有 150 种左右，本书仅就常见的、适合普通家庭空间栽种的植物进行分门别类地梳理，均为近年较流行栽种或适用于家养将持续流行的品种，希望可以帮助到大家。

　　总结室内植物的栽培要点，还是回到基础篇章进行回顾，看它们对光、温度、湿度等的需要。浇水"宁干勿湿"，尤其是在冬季。冬季若房间温度比较低，金钱树一类的球根植物，整个冬天都不需浇水，否则会烂根。

　　愿大家都有一个雨林般的室内空间。

10

月季

明明可以靠颜值，
却依旧选择勤奋和坚强

月季，我们现在常叫它玫瑰，它是西方爱情的象征。

我认为玫瑰是有性别的，它属于女性，有的甜美，有的优雅，有的高贵……却都不失细腻和温婉，但它美丽又多刺，极富个性。

明明可以靠颜值，却依旧选择勤奋与坚强。之所以名叫月季，因为它一年四季都在忙着开花，最早的原生种'月月红'月月都能开花，现在栽种的多季节开花的月季品种或多或少都有它的基因。

月季真的是一种坚强励志的植物，一生中有三分之二的时间在被修剪，百分之百的时间在与病虫争战；它馨香馥郁，却又无毒，是非常好的蜜源植物……听起好伤感。或许正因为此，它拥有无数为之倾倒的追求者。

现在市场上的园艺栽培品种都是月季，真正的玫瑰刺非常多，观赏性不如月季，所以栽培得相对少。

一棵月季可以存活多久呢？我在九顶山上拍到一棵野生月季，我怀疑它存活了至少一百年。我也曾在国外看到根部比紫藤还要粗的月季，所以不必担心月季不好种活。

1 月季的种植方法

美美的月季花，如何栽种呢？大多数人的困扰是一样的：买的时候花开满枝头，为什么搬回家，开完那几朵便不再开了，而是黄叶掉叶黑秆子呢？

1 首先明确你的环境适合种月季吗？

光照

至少需要半日照环境，日照是指阳光直射，而不是散射光。所以家庭种植南向最好，北向阳台不适合。

通风

月季需要良好的通风。实心围墙、半封的玻璃阳台都不合适，铁艺栏杆阳台是可以的。所以种月季最适合的是楼顶，次之露台，再次之南向的一楼，通常靠房子那一面光照好。

如果要在阳台等小型空间栽种月季，技巧注意三个字——举高高，可以增强通风和光照。月季的勤花性就是光照的晴雨表，在像云南这样光照好的地方，它全年都可以开花，只有强行它休眠才会歇一歇。

总之，日照是最重要的因素，单季开花爬藤月季每天至少需要 2 小时直射光，多季开花品种至少需要 4 小时直射光。再就是通风要好，湿度不能太高，否则易生病虫害。

2 种植方法

恭喜你有个适合栽种月季的环境，那如何种一株漂亮的月季呢？

种植基质的选择

盆栽只用泥土是不行的，极易板结，浇水顺着盆子就流走了，不易浇透；地栽至少要穴改（详细内容见第一部分土壤相关内容）。

冬天遇到低温，花色变红的月季'超微'

对于肥的选择

首先栽培基质里要有足够的基础肥。在 3 月发芽至来年 1 月修剪前的生长期，每周 1 次速效肥，尽可能选水溶性复合肥。每年的 1 月做一次覆根，即用新配比的介质和有机肥覆盖一层。

四季施肥节奏如下。

春天：2 月 15 日左右，当月季芽长到两叶一心时，可 1 周 1 次速效液肥灌根，直到花苞现色，第一朵花完全打开时停肥；如遇下雨，就施叶面肥。

夏天：气温若超过 30℃，施肥应在傍晚温度低时进行，根灌或施叶面肥均可。

秋天：南方气温降到 30℃ 以内时，恢复春季施肥节奏；北方 8 月下旬就要开始控水，施磷酸二氢钾，叶面施肥和根灌均可。

冬季：温度降到 5℃ 左右停肥。

抹芽

如果月季发芽过多，可以抹掉向内生长、接受不到光照的盲芽（不生长开花的芽）。如果一个节点同时长了多个芽，其中的瘦弱芽也容易发育成盲芽。

如果你是新手，不敢肯定哪个芽要抹，建议不抹，光照、肥水给足，照样能爆花。

Tips: 月季芽的颜色不同品种不太一样，例如'珊瑚果冻''杰夫汉密尔顿'的芽是红色的，而'朱丽叶'则是绿油油的。品种和环境也会影响芽的生长快慢。

病虫害

月季有"药罐子"之称，其实也没有那么夸张。首先得选择抗病性强的品种，就我种了十多年月季的经验，病虫害最重要的还是预防！

月季病虫害具体参见第一部分"病虫害"篇章。

及时换盆

植株底部叶片老化变黄，施肥也没有用时，就说明土壤营养被吸干，需要及时换大一号的花盆，促发新根。

Q&A 早春月季常见问题及解决方案

Q&A：芽心干枯掉落，是什么原因？

A：下面这些原因都可能导致芽心干枯掉落的问题：缺光；温度过高；肥害（有机肥放太多，或者速效肥兑得太浓）；药害（施药浓度过大）。因此施肥和喷药都要注意比例，宜淡不宜浓。

Q&A：月季芽、叶发黄是为什么？

A：可能是缺光、缺肥（氮肥或者铁）；或是温度变化过大不稳定导致的。

Q&A：月季叶片看上去薄且透明是怎么回事？

A：可能是长期缺光，需要放在室外去炼苗，逐步增加日照时长。比如先在早上和傍晚把它放在阳台或室外晒太阳，避免中午的暴晒，逐步适应，慢慢增加抗性。

Q&A：月季已经发芽，突然来一波倒春寒，如何增加抗逆性？

A：首先喷施磷酸二氢钾，比例为1200：1，其次注意霜霉病、白粉病的预防。

Q&A：月季不发笋芽正常吗？

A：正常的。但是要每年换盆或者覆盖新土，并且保证根部的光照，这样可以促进笋芽萌发。也可以把花盆斜放，让茎秆呈45°角斜放，较容易出笋。

Q&A：月季为什么会黑秆？

A：有下面几个原因。

土壤：土的透水性差；没有换新土，土壤板结，导致根系腐烂。

水分：浇水过多，基质太湿，可以抬高花池栽种。

病害：可能是受到真菌感染，前期可以用广谱杀菌剂预防，并选择抗性好的品种。

花盆：花盆过大，底孔少，不透气

温度：温度过高，灼伤根系。

▼海妈正修剪月季'超微'

2 月季如何原盆复壮

灌木型的月季，经过一年反反复复的修剪，它的老株已经处于元气消耗殆尽、没有活力的边缘，想要再开一轮花很困难。这时就要对它进行复壮的工作，我们称之为原盆复壮。

注意只有在国庆节前后，才可以进行这项工作。因为这时月季马上迎来休眠期，但气温尚可。来看具体方法。

1 换土不换盆

只换土不换花盆。去掉原生土球的1/3~1/2，保持住月季根系的心脏。所有植物根系都有一个心脏——它的根紧紧地包住的最核心的部分，任何时候都要保护好，不要让它全面脱土，然后补充全新的配方土栽种。

2 记住这时不要修剪，不要修剪

记住这时不要做任何修剪。如果开过花只剪残花和花下面的一对叶子即可，其他完全不做修剪。为什么这个时间不能重剪呢？因为重剪之后，会刺激它消耗能量去发芽，嫩芽正好遇到寒冬，后果你懂的。所以一定只剪它顶部的残花和下面的一对叶子，其他叶片保留，哪怕叶片丑，上面甚至有斑点，也要保护它不凋零，凋零之后腋芽就会发芽。

做完这个工作后，可以在12月初，把花盆脱开来看新的根系长得怎么样。一般情况下，会全面重新长出来又白又嫩又强韧的须根，为第二年的花开提供强大的硬件支撑。

3 耐心等候笋芽冒出

南方等到立春前后的一个星期，北方在土壤解冻后的一个星期，换盆的月季植株底部的芽点就会开始慢慢萌动。

换盆之前，根部上面的芽点都是土色的，你甚至感觉不到它哪里有芽点。换盆之后，你某天会发现种在花盆里三四年的老苗底部的老杆上突然冒出一个个红红的、鼓鼓囊

▲春天，月季萌发的新芽

囊的芽点，这些芽点是如此饱满，如此鲜艳和显眼，真的是让人感动得涕泪俱下。

4 剪掉老枝，复壮成功

当笋芽冒出，说明老株已经生仔，有了接班人。现在，就可以让上面的老枝条功成身退，把它剪掉了，只保留底部 20cm 以内有红色芽点的部分。这些红色的芽点将会在来年春天变成粗粗大大的枝条，开出美艳无比的花来。这时你不仅为它换血管成功，又为它成功换了一个躯体。

这就是原盆复壮的方法，这样我们在有限的栽种空间里就可以年复一年地种好这些月季花了。

3 容易爆花的月季品种推荐

　　我们都希望能种植勤花爆盆的月季。月季大多能够在一年里持续多轮开花，但爆盆与品种特性直接相关。有的品种天生具有爆盆属性，有的无论怎样精心养护，依然无法爆盆。一般来说，微型月季、多头开花、花瓣容易打开或单一朵花比较大的月季，容易爆盆。而伊芙系列就比较难爆盆。

　　下面是我在直播时和花友梳理的易爆盆月季清单，均符合以下 5 个要求：

　　1. 全面群开，花量巨大，开花时只见花不见叶；

　　2. 多次重复开花；

　　3. 耐晒性好；

　　4. 多头开花；

　　5. 受天气影响较小。

◀月季'蓝色阴雨'

直立月季

共同点：株型直立，适合盆栽。

白色系

'直立冰山'（非常经典的品种，勤花性非常好，持续开）、'格拉米斯城堡''珍妮莫罗'

'大天使'（难种，建议新手慎重）

粉色系

'京''肯特公主''银禧庆典''圣埃泽布加''草莓杏仁饼''波提雪莉''珊瑚果冻'

'夏日花火'（粉橙）、'巴黎女士'（复色粉）

黄色系

'切花朱丽叶''美妙绝伦''龙舌兰酒''卡特琳娜''诗人的妻子''黄爱玫'

'卡特道尔''真宙'（橙粉）'人间天堂'（橘粉）

复古色

'葵''遥远的鼓声''英伦节拍''拿铁咖啡''秋日胭脂''铜管乐队''碧翠丝'

红色系

'天方夜谭''红苹果''红色达芬奇''路易十四'（红黑）、'火热巧克力'

'红色直觉''马萨德医生'

蓝色系

'蓝色风暴''青空'（也叫'蓝色天空'）、'空蒙'（注意低温和疫病）、'紫雾泡泡'

'小咖啡''蓝色梦想'（花瓣少）、'贵族礼光''微蓝''蜻蜓''转蓝'（难种）、

'新浪潮''青金石'（难种）、'朦胧紫'

条纹系

'莫奈''埃德加''希思黎''苹果哒'

庭院型月季

共同点：冠幅大，抗积水，抗黑斑性好，适合庭院或大盆栽种。

'肯特公主''红色达芬奇''龙舌兰酒''波提雪莉''火热巧克力''直立冰山'

'珊瑚果冻''蓝色风暴''真宙''卡特道尔''卡特琳娜''绯扇''粉扇''黄和平'

'红双喜''粉和平''小女孩''光谱'

月季‘拿铁咖啡’

月季 '超微'

微型月季

共同点：株型较小，适合小型容器栽培。

大花微月

'金丝雀'‘果汁阳台'‘木星王阳台'‘幸福之门'‘贝壳'‘铃之妖精'‘奶油龙沙'
'杏色露台'等

小花微月

'超微'‘甜蜜马车'‘躲躲藏藏'‘绿冰'‘粉多多'‘雪月'‘玛姬婶婶'‘浪花'
'黄微月'‘紫红微月'‘姬乙女'‘粉妍'‘红莲'‘天荷'等

矮爬藤类型

共同点：适合爬栅栏，多季节开花、春季大花量，地栽和盆栽均可，适合做花柱，垂吊做花瀑布特别惊艳。

'小蜜蜂'（强力推荐，单盆可开四五十朵花）、'蓝色阴雨'‘亚伯拉罕'‘我的心'
'情书'‘艾拉绒球'‘娜荷玛'‘威基伍德'‘玫瑰国度的天使'‘红木香'‘福斯塔夫'
'粉色达芬奇'‘黄油硬糖'‘胭脂扣'‘藤樱霞'‘蜂蜜焦糖'‘甜梦'‘印象派'
'草莓山'‘遮阳伞'‘牡丹月季'

长枝拱门型

共同点：单枝超过2.5m，春季花量巨大，适合花箱、大花器栽培以及地栽。

'弗洛伦蒂娜'‘红色龙沙宝石'‘苹果花'‘粉色龙沙宝石'‘自由精神'‘欢迎'
'藤冰山'‘夏洛特夫人'‘黄金庆典'、藤本'浪漫宝贝'‘玛格丽特王妃'‘慷慨的园丁'
'罗衣'‘安吉拉'‘深粉龙沙宝石'‘白色龙沙宝石'‘舍农索城堡的女人们'
'蓝色紫罗兰'‘马文山'‘大游行'‘格拉汉托马斯'‘瓦里提'

植 物

4 不同类型月季的应用

在购买月季之前，你先要想好，买它主要想做什么，是放在阳台盆栽？还是要造型？根据应用需求选择来选择。

微型月季的应用

微型月季常见于盆栽和小花器、小空间的栽种，典型的像'超微''绿冰''甜蜜马车'，还有像'果汁阳台''铃之妖精''奶油龙沙'这类大花的微型月季品种，也适合在20cm以内的花盆里栽种。其冠幅是花盆的两倍，整体看起来非常协调，爆盆感很强。

直立型月季

稍微大一点的花盆可以栽种直立型的月季，例如'天方夜谭''婚礼之路''红苹果''葵'。这些品种能够在短枝开花。用一个25cm的花盆栽种，当它的枝条发育到20~30cm的时候，它就自然而然地孕育花枝，而不是长得特别高。这种盆栽直立型的品种有开花整齐、紧凑的特性，很适合阳台空间栽种。

庭院地栽型月季

需要长势快、旺，耐涝，抗病性好，像'直立冰山''龙舌兰酒''蝴蝶月季'等都适合庭院地栽，'蝴蝶月季'甚至可以长成一棵持续开花的树。

复古色系月季

适合于有栽种经验的人，它的特点是颜色复古、与众不同，香味也特别，例如'拿铁咖啡'。也许因为它们追求花色和香味，所以抗性特别弱，长势慢、根系细弱、容易烂根、

▲ '蝴蝶'月季

黑秆，因此要用小花盆、透气性好的基质。甚至要全年在花盆外包裹保温棉，保证它们在较为稳定的土温里生长。

花柱和花瀑型等造型月季

造型月季要选择"可藤可灌"的品种，但是如果修剪得凶一点，它就会变成只到春天开一季的灌木，'蓝色阴雨''亚伯拉罕''蜂蜜焦糖'，适合栽种在阳台空间或者楼顶空间，使它自由舒展地生长，向下垂形成一个花瀑布。或者在一楼花园里面，让它缠绕一个花柱或花塔的架子攀缘生长，也可以栽种装饰栅栏，形成月季花墙。

用于小拱门造型的月季要选择多季节勤花的品种，例如'莫里斯''黄金庆典'，栽种可以装饰跨度 2m 的小拱门，适合普通居家空间。大拱门适合于大花墙和大体量的空间，可选择长势快的品种，例如'粉色龙沙宝石'，单根藤蔓长度可达 5m，长大后一棵植株可以同时开出 1000 朵花来。如果你只有一个阳台空间，但又喜欢它，也可以用小花盆控制它的生长。天生小型的品种长大很难，但是天生大型的品种，变小是容易的。

5 月季扦插

扦插是件容易的事情，注意时间、温度就好了。5 月初和 10 月中旬是一年中最合适扦插月季的时间：气温 20℃左右，不易烂穗，容易长根。

扦插主要注意温度、湿度、介质、插穗、环境等。家庭环境下扦插，通常需要选择一个降雨较少、气温稳定的时间段，即使露天扦插也能保证成活率。

▼选择正在开花的健壮月季插穗

1 工具

插穗、穴盘、基质

2 插穗准备

叶片完好，没有病虫，花开得刚刚好，腋芽没有萌动，枝条没有木质化。

找一把锋利的枝剪，用酒精擦拭或火烧刀口消毒，剪时动作要干净利落，不要剪破，切口要光滑、完整。月季剪下来的枝要第一时间马上放进水里泡着，如果没有即刻泡水的枝，水分流失之后，成活率会大大下降。一般剪二节，或是三节，叶片剪少一些，留二片小叶子或三片，留叶子是为了光合作用，更快长根。

3 基质准备

选较细的、无肥分的泥炭来做基质，也有花友用纯蛭石或纯珍珠岩。

将基质装盘喷湿。

4 扦插步骤

将剪好的插穗尽快插在湿的基质中，并再次喷水，让基质和插穗密接。插好后最好加个牌子，上面记录品种名和扦插日期，有利于积累资料，总结经验。

一般条件适合，通常会在15~20天内长根。在长根之前老叶子会慢慢变黄，不见发芽。如果拔起来看，会看到下面有一圈白色的愈伤组织，接下来就会长根。扦插后只要没有黑杆、软腐，不要去拔这个插条，待长出新枝新芽后，进行假植即可成活。

后期成活关键因素就是浇水。要干干湿湿的，干湿交替地浇，用莲篷头，细水低压慢浇，水压太大会冲翻插穗。浇透后，下次浇要待水分半干，土变轻之后。有时候也可以叶片喷雾，保持不脱水。

生根后就可以假植，这时要给予它足够的光照，才能生长良好。

6 月季修剪

月季的修剪分为冬季修剪和花后日常修剪。

冬季修剪

修剪时间

各地气温不同，修剪时间略有区别，具体如下：

▶ 华中、华东、西南等地区一般在 1 月中下旬修剪；

▶ 广东、福建、海南等温暖地区可以在 2 月初发芽前进行修剪；

▶ 东北、西北、华北等寒冷地区，可以在开春气温稳定、土壤化冻后修剪，太低温修剪，容易冻伤口。

注意事项

▶ 修剪应选择天气晴好的时候，可以在一天中清晨露水干后到下午 4 点前；

▶ 修剪前逐步停肥、控水一周，让植株稍微干一点，避免伤流；

▶ 修剪时勤用酒精消毒，也可以用火烧，避免植株之间交叉感染病害。

修剪原则

▶ 不同类型的月季修剪方法不一，苗子大小不同，生长速度不同，修剪方法也不尽相同。

▶ 总的原则是：①剪去老弱病残枝、过多交叉枝、鹿角枝；②尽量留外向芽点，发不出来的笋芽也要修剪，让植株有空气感；③小苗适当重剪促发新枝，让来年冠幅更加饱满；大苗适当轻剪，保留更多花芽，明年花量会更大。④老枝木质化严重的，可以剪掉用新的笋枝更替。⑤修剪后拔光叶片露出芽点，喷杀菌剂。⑥修剪后清理干净盆土表层杂草、叶片等，进行清园，土壤不够时，需要重新覆土。⑦注意，除冬季外其他季节均不可重剪。

各类月季冬季修剪注意事项

微型月季

大花微型月季

代表品种：'果汁阳台''贝壳''铃之妖精''奶油龙沙''金丝雀''木星王阳台''幸福之门'等。

修剪要点

- 粗剪：以2加仑'果汁阳台'为例，按高度定型，大概15~20cm左右，进行粗剪。
- 精剪：修剪侧面和底部细弱盲枝，过多交叉枝、鹿角枝与老化枝条，尽量留外向芽点。
- 修剪后扯掉叶片，清理盆土中的杂草、叶片，喷杀菌剂。
- 盆栽可在修剪后去除土壤表面的旧土大概5cm，添加通用型配方土。
- '金丝雀'等长势慢的品种需适当轻剪。

小花微型月季

代表品种：'超微''绿冰''浪花''粉多多''甜蜜马车''躲躲藏藏''雪月''玛姬婶婶''黄微月''紫红微月''姬乙女''粉妍''红莲''天荷'等。

修剪要点

- 小花微型月季分枝太多，修剪太轻第二年枝条太密容易盲芽，需要重剪让底部更容易出笋芽、减少盲芽。
- 小苗、中苗植株可留5cm左右，大苗留10cm左右高度即可。
- 以2加仑'超微'为例，先粗剪，整体修剪到离表土10cm，再精剪，修剪侧面和底部细弱盲枝、交叉枝、鹿角枝、老化枝条，尽量留外向芽点。
- 盆栽植物在修剪后去除杂草、落叶及土壤表面的旧土约5cm，添加通用型配方土。

盆栽灌木月季

代表品种：'格拉米斯城堡''大天使''草莓杏仁饼''切花朱丽叶''莫奈'等。

修剪要点

- 盆栽月季空间有限，营养输出有限，需要通过重剪保证开花标准。
- 粗剪：找到合适高度定型，小苗、中苗大概留 10cm 左右，大苗留 20cm。
- 精剪：修剪侧面和底部细弱盲枝、交叉枝、鹿角枝、老化枝条，尽量留外向芽点。
- 老苗修剪：根部活性有限，不能重剪，要剪到有明显芽点的位置。

地栽 3 年以上的月季大苗

代表品种：'肯特公主''红色达芬奇''龙舌兰酒''波提雪莉''火热巧克力''直立冰山''珊瑚果冻''蓝色风暴''真宙''卡特道尔'等。

修剪要点

- 地栽大苗需根据环境确定修剪高度。
- 如空间大，想保持植株高度，可轻剪，留 1m 左右高度，保留从底部发出的拇指粗的笋枝。
- 如空间较小，或想控制高度，可重剪，留 20~30cm 高即可。

藤本月季

代表品种：'黄金庆典''弗洛伦蒂娜''红色龙沙宝石''粉色龙沙宝石''舍农索城堡的女人们'等。

可以做成拱门、半球、扇子、柱子、塔等造型，这些都是攀缘月季的特别可爱之处，枝条柔软，可以任意造型，芽点多，可以从头到脚浑身开满花。

修剪要点

- 保留 5~8 个根部主枝和二级主枝，去掉细软的根部枝条和细软侧枝，及三级枝条、

跟着海妈学种花

老枝、盲枝。

- 对主枝进行打顶，一般剪去 5~10cm 左右，剪到枝条有筷子粗的部位，去掉顶端优势。

- 扯掉叶片，横向牵引，暴露出芽点，每个芽点都是明年的开花枝。

- 花柱和花拱门可"S"型缠绕，花墙可进行扇形牵引，如笋枝较嫩，牵引幅度小些以免折断。

藤本月季造型关键点在于：①保留有限的枝条；②横向牵引；③冬天剪去顶尖部分，去除顶端优势，给其他芽点发芽机会。原理简单：万物生长靠太阳，横向牵引之后，每个芽点都能接受光的直射，诱导芽点分枝和分化花芽，这是月季造型的总原则。

不要再问我为什么我的爬藤月季总是 1m 左右的光枝枝、光刺刺，连叶子也不长几片，为什么我的月季只是最高处有寥寥几朵花？那是因为主人对它不公平，底部没有光，没有光就不会有叶片和枝条，植物都有顶端优势，总是向上生长去争抢阳光，于是我们要修剪，要牵引控制！

广东、广西及福建地区，冬季月季是不会掉叶子的，我们需要人工干预强制休眠，不然第二年一朵花都没有。在每年的 1 月中旬至 2 月中旬，会有一周夜间气温在 10℃ 左右的时间，可选择既不是"回南天"，也不是雨天的中午，拔掉所有叶片，按照上述步骤进行牵引即可。爬藤型的月季通过这种干预，第二年会有很好的花量。

矮爬藤月季

代表品种：'蓝色阴雨''粉色达芬奇''小蜜蜂''遮阳伞''蜂蜜焦糖'等。

修剪要点

- 大苗枝条可留长点，剪掉枝条顶端 5~10cm，去顶端优势；

- 剪去细软侧枝、交叉枝，大的侧枝可以保留；

- 小苗适当重剪，让明年冠幅更大。

"可藤可灌"月季

代表品种：'亚伯拉罕''莫里斯''威基伍德''玫瑰国度的天使'等。

修剪要点

- 盆栽或想当灌木养的话可重剪；地栽或想当藤本养的话，打顶 5~10cm；
- 剪掉细软侧枝、盲枝、枯枝等。

月季"棒棒糖"

修剪要点

- 先轻剪，再转着观察细化修剪，多留分枝，让植株更圆润；
- 注意不要损伤嫁接点。

长势较慢月季

代表品种：伊芙系列、'大天使''路西法''美咲'等。

修剪要点

- 长势缓慢，需适当轻剪，修剪需在明显芽点上方。

盆景月季

代表品种'紫红微月''超微''雪月''绿冰'等。

修剪要点

- 用矮盆，选择株型紧凑的品种，花朵集中，生长慢，根粗，可以把根洗了，盆景的制作露一些根在外面，铺上青苔放在全日照环境，不然会偏冠，长歪了就不好看了，如果是阳台想种盆景，就记得一周转一次方向。

日常花后修剪也是非常重要的工作。开败的花残存枝头，不仅影响美观，还容易发霉滋生病虫害。有些还会结出果实，造成不必要的营养消耗，导致复花越来越小，数量也会减少。对于多季开花的月季来说，花后及时修剪，能快速刺激腋芽的生长，提高复花频率，同时也能使复花更整齐。残花修剪的最佳时间是盛花期，此时剪下来插瓶，不仅能为复花储存营养，还能延长花朵的观赏时间，实现切花自由。

正常情况下，每个叶腋都会有一个芽点。花后修剪在花下第一至第三个叶腋处，找出最饱满的芽点，在其上方约1cm的位置剪断。剪得过长会产生枯枝，过短则容易损坏芽点。芽点分为内芽和外芽。内芽朝向植株内侧生长，外芽朝向外侧生长。如果想塑造横向发展的蓬松株型，建议修剪时保留外芽；如果想塑造紧凑的株型，则建议保留内芽。保留内芽时要注意避免枝条在植株内交叉重叠，否则容易通风不良，滋生病虫害。

盲枝、笋枝是月季修剪的必修课。因为光照、营养不足的原因，有些芽点顶部变黑，停止生长，称为盲枝。盲枝通常生长在月季的底部枝叶茂密的地方，一般要贴着主干剪掉。请注意爬藤型的月季在秋冬季来临时，顶端会自动停止生长，进行休眠，这是正常的，不能当盲枝剪掉。

笋枝是从土里面冒出来的像竹笋一样的嫩枝。这种枝条不能剪掉，它是开花的主力枝条。

▼盆景月季

植　物

7 梦想中的'龙沙宝石'墙，你也可以有

如果只许我种下一株月季花，我决定种'龙沙宝石'，它是点燃我园艺热情的花儿，没有之一。早在 2008 年，我就多么渴望能有一株'龙沙宝石'呀。我心心念念地种下牙签苗，然后在次年 4 月开出第一朵花，就像看到我女儿出生的第一眼，我一下子就爱上了它！

在海蒂出生的那一年，我爸爸在三圣乡用旧砖砌了一面红砖墙，高 2.5m，宽 8m，中间有一个门。我在距离这个墙 40cm 的地方种下两棵'龙沙宝石'，仅三年时间，就开出成百上千朵花来。无数人驱车专程来看望它，花友们戏称这是"拜龙沙"。

你也想有一面这样的'龙沙宝石'墙吗？现在告诉你我是怎么做的。

1 基础养护

植物开花的功课不是在春天，而是在冬天和夏天。每年春花开过，我会轻剪残花，仅仅剪去花朵和下面三片叶子，每周施用通用型的肥，促使它发嫩梢和笋芽，这样它在根部年年发出笋芽五六枝，整个夏天乱七八糟，我反而很开心。这些粗大的笋芽，长长的枝条，均是牵引的好材料，是来年春天开花的重要保障。

10 月一过，我就用磷酸二氢钾和花卉型的肥喂它；立春前三周，对它进行冬季清园和牵引，我会连续三周喷施三次石硫合剂，逐步减少浇水量，让枝干进入休眠状态，叶片尽量凋落。

2 枝条牵引

在春节前一周左右，我们会花两天时间牵引。

首先，解开绑扎的所有枝条；

第二，拔光所有的叶片；

第三，贴地修剪老、弱、病、残枝，用当年的笋枝来替换老枝；

第四，剪去所有枝条的顶端 5~10cm，去除顶端优势；

第五，梳理枝条，确定开花枝条，然后一根一根顺着长势呈扇形牵引；我固定枝条用的是五金店买来的卡钉。如果墙面非常结实，也可以在四个角打带钩的膨胀螺丝，用钢丝绳连起来，架成田字格，就可以把枝条固定在钢丝绳上了。

牵引完后，捡去地面所有的落叶，一片不剩。去掉之前的表土 3~5cm，再覆盖上新的配方土至少 5cm，再在植株旁边，把'乌托邦'铁线莲修剪过的枝条轻轻搭在'龙沙宝石'的底部 1m 左右，然后在地面栽种毛地黄和飞燕草来搭配。

3 春季施肥

第二年春天发芽后，就开始施肥。一般在早春施用两次通用型的肥，促枝条生长，之后持续施用花卉型的肥和月季型的肥，交替施用，每周一次，促花芽分化。由于单根藤长已经超过 5m，根系运输到末端路径太长，会引起缺肥而导致盲枝增多，花量不足，所以每周都需要施叶面肥来补充营养。在正面花墙花量开放2/3时，才可停肥。停肥太早，后期很多花苞根本打不开。

两年前因为花园搬迁，这两棵已经 13 岁的'龙沙宝石'被搬到新的花园，在写本书之前两周，我又去看望它们，今年照例长了 20 来个笋枝，高达 3m。我摸着它粗糙的根茎，直径已经 20cm 了。摸到它凹凸不平的明年笋芽的芽点，感觉到它的脉动，十三年了，它依然年轻……这是我的'龙沙宝石'。

▶月季'粉色龙沙宝石'开花时

植　物

11

绣球

美哉，绣球！

大约在 2014 年，我小女儿出生的时候，我在花园里种下约两百棵'无尽夏'绣球。两年以后，它们长到一米二，每一棵开花上百朵。那时我是按部就班地种花卖花，不曾想一年夏天，突然很多年轻漂亮的小姑娘来到这里，唱歌跳舞，在炎热的夏天也不惧。后来才知是有人将我花园绣球花开的照片发到社交网络上，吸引很多网友来打卡。我花艺课上的同学也说她的女儿每年"五一"绣球花开的时节，都会请假甚至翘课来到我的花园，拍一套写真，去记录自己美好的青春，年年岁岁花相似，岁岁年年人不同。

我疑惑，花园里种了很多花，有草花、玫瑰，各种各样的上千种植物，为何只有绣球花开时能吸引很多人不远千里来打卡呢？

我后来思考出了几点。首先，它的小花瓣很单纯可爱，易于描摹，非常简单。其次，简单的花瓣却不简单地组合成了一个大花球，而一棵绣球又由几十上百个大花球组成。最后，花园里上百棵绣球又是这几十上百个花球乘上一百……如此便成了绣球花的海洋，把人完完整整地淹没于其中，微风吹过就好像一片花浪，浪漫之至。

后来我开始在基地栽种和售卖绣球花的时候，便发现它很容易出现地毯的色块效果，也就是只有花没有叶的效果。而在家里面种绣球花时，我还发现它是较为耐半阴的，在树荫下能年复一年地开花，这点在落叶乔木之下尤为明显。还有一点，绣球的单朵花期之长，在户外植物中鲜有能媲美者。比如魔幻系列的绣球，单朵花期可以达到 3 个月左右，而以前在孩子们幼儿园时种下的那棵'无尽夏新娘'，在每年 4 月中旬开始开花，一直持续到 12 月。那是在一个北向、有天花板的空间栽种的，我曾数过，它开了 88 朵，年年如此。绣球在光照、温度条件允许的情况下，一朵花的花期竟能达到半年甚至更久。这样好的植物，不受欢迎才怪。

1 绣球的种类

绣球种类颇多，3月逐步变绿的中华木绣球，4月起花苞早早开花的'无尽夏新娘'，然后到5月初劳动节前后开花的大花绣球，重瓣、单瓣、地中海型，还有像爬山虎一般爬满墙面的爬藤型。

这些品种还未凋零，'石灰灯''夏日美人'这些圆锥绣球又从5月末开始露头，6月初修剪之后，8月初开始开放，一直持续地开到深秋，12月中旬才因霜冻而花瓣褪色，冬季干枯的花瓣萎缩成透明的丝状，又是另一种韵味。

还有一种栎叶绣球，又叫橡树叶绣球，在秋天的时候叶片呈现酒红色，美得心醉。

中国绣球有七十多个原生品种，南至广州，北至哈尔滨，有耐寒的欧洲木绣球，以及耐阴的山绣球，耐热的大花绣球，还有独特的柳叶绣球、蜡莲绣球……还有很多的原生种等着我们不断地挖掘驯化，走到千家万户。

很多品种的绣球都适用于小花盆栽种，我也在不同的条件下进行测试。比如雨水很多的阳台上，纯北向的空间里，暴晒的楼顶花园，以及一楼树下全阴的环境，获得了很多成功的经验。当然我也经历过因为蓟马危害，导致叶片失绿无法销售，在一个月之内损失高达百万元；也经历过绣球冬季使用石硫合剂，芽点不能萌发，导致整片绣球全部扔掉，造成巨大的损失。这些经历为后面成功种植绣球奠定了基础。

国内大多数城市应用绣球，都是把它当作一次性的草花去用，用后就扔掉，很可惜，也低估了绣球的用法。在北美地区，比如加拿大街头和城市公园里面的圆锥绣球有各式各样的品种；在法国，经常会见到窗下用一株'粉色贝拉安娜'作为点睛之笔的设计；在耐寒区，甚至在-40℃，绣球可以长得有手臂那么粗，两个人那么高。

我渴望有一天走在路上的时候，晃眼一看，在绣球花开的时节有一片层层叠叠的绣球花海从眼前掠过，让人不由得想要放慢脚步去欣赏这美丽的绣球，这难得的夏天。

Tips: 如果你想用绣球做"棒棒糖"造型，首选用圆锥绣球，品种有：'石灰灯''粉色精灵''白玉''香草草莓'。

跟着海妈学种花

我们大致将绣球分为以下几类。

大花绣球

特性：所有老枝顶端开花，也有品种新老枝都开花，耐半阴，耐热性好，南方都可以开花，但不耐寒，掉光叶子后 0℃就需要保暖措施。

品种代表：

单瓣：'薄荷拇指'

重瓣：'花手鞠''万华镜'

观叶：'银边绣球'

多季开花：'无尽夏''无尽夏新娘''易多梦幻'

魔幻系列：'魔幻海洋''魔幻紫水晶'

平顶绣球：'姬小町''星星糖'

山绣球：'日本山绣球'

圆锥绣球

特性：耐寒性好，新枝开花。耐极致低温（甚至 -20℃）。多年养护可长成树。耐修剪，北京及以南（广东广西、海南、福建除外），可花开两季。

品种代表：'石灰灯''夏日美人''北极熊''幻影'

乔木绣球

特性：长得高高大大的乔木。

品种代表：'贝拉安娜'绣球、中华木绣球和欧洲木绣球(严格说来，后两者在分类学上属于荚蒾)

栎叶绣球

特性：耐寒性强，秋冬呈现出美丽的秋色叶。

品种代表：'雪花''和声'

爬藤绣球

特性：像爬山虎一样有攀缘触手，耐寒性强，欧洲庭院广泛栽种。

品种代表：'钻地风'

▲圆锥绣球'胭脂钻'

▲ '粉色贝拉安娜'

▲银边绣球

▲大花绣球'塞布丽娜'

2 绣球的种植方法

这么多年来我养了近300多个品种的绣球，有失败的经验和教训，也有非常成功的燃情体验，这里我将这些成功经验分享给大家。

1 栽种环境

半日照环境，有散射光的树荫下面最好，全日照夏天拉遮阳网也可以，阳台也行，花园亦可。露台靠墙种，而楼顶花园则可以种在北向。特别提醒，室内不可以种绣球，在室内就算活着也不能好好地开花。

2 种植方法

盆栽绣球

盆栽绣球可以长得非常好，好到一盆开一百朵花以上，关键几个因素：介质、肥、浇水、修剪、换盆（土）。

介质

首先，绣球都不能积水，所以必须选用透气透水的土壤进行栽种。盆栽建议在花盆底部垫上4cm的陶粒加强排水；地栽建议抬高花池防积水。

我们用的土为泥炭、珍珠岩、缓释肥混合到一起的配方土。条件允许，最好增加富含腐殖质的基质或堆肥，这可是植物生长的动能呀。

肥

在绣球生长季，也就是从3月开始萌芽，到11月以后慢慢黄叶期间，我们是一周一次液体肥。用多少呢？就是像浇水一样的量浇到根系，注意一定要按厂商推荐的比例施用，单次过量使用，有可能会烧根导致几天内就死亡。一口吃不成胖子，记住这个道理啊。当气温超过35℃时，只浇清水不浇肥。

浇水

绣球在生长季不可缺水，一旦缺水就会呈现出叶片发蔫，完全没有精神的样子。

如果补水及时，可以在 1 小时内逐渐恢复；如果任其干上一整天，就会枯掉一些叶片。如果干上一周，就会完全死掉。所以夏季每天都要浇水。冬季叶片掉光之后，保持土壤湿润即可。

注意：白天盆土湿润但叶片萎蔫可能是'假缺水'，应及时遮阴，往叶片喷雾状水。绣球花期需水量最大，缺水会导致花苞打不开。缺水是把绣球越种越瘦的主要原因。

换盆

盆栽绣球生长旺盛、持续生长的动力在于介质和肥，每年换更大尺寸的盆是有必要的。换盆最好在冬天进行，叶子掉光之后去除以前老土球的 1/3，再添加新配方介质栽种。这对次年的病虫害有很好的预防效果，植物长势会更均衡。当植株老化、长势不良均可通过换盆来让其重新焕发生机。

3 地栽绣球

参照基础部分"穴改"内容。

地栽绣球失败的原因大部分是由于排水不良导致了烂根。如有这种情况，可改地栽为盆栽。

4 病虫害防治

红蜘蛛

绣球遭遇了红蜘蛛,主要是这六点。

- 小苗种在了大盆里;
- 盆太深;
- 浇水过多,根系腐烂,植株孱弱;
- 空气不流通且过于干燥;
- 基质颗粒太细,排水不良导致烂根;
- 植株之间太挤太密,不通风。

预防红蜘蛛,应选用合适的花盆;用疏松透气的土壤,如通用型配方土或粗颗粒配方土;见干浇水,保证通风。

一旦染上红蜘蛛,可参照月季上的红蜘蛛治理方法,前期可以用化妆棉沾水抹掉,后期可用危满盖、金满枝、施奇红杀套餐一类药物,主要对着叶片背面喷药,3天一次,连续3次,保持植株湿度,能有效缓解。

蓟马

高发于4~6月,主要由于植株太密不通风导致。应随时翻看叶片,一旦发现及时防治,注意植株间距,加强通风。

蚜虫

绣球蚜虫除冬季外,其他季节都少见。蚜虫主要在绣球的嫩芽心里过冬,春天开始吸食汁液,导致新叶受害,并容易诱发病毒病。

预防方式为每年冬天喷施内吸性杀蚜虫剂,内吸性药剂药效有的可达3个月以上。

灰霉病

高发于冬季,低温高湿的环境容易引起灰霉病。

预防灰霉病应及时清理落叶,减少传染源;温棚里的绣球,应每天白天揭开棚膜,晚上关闭,避免环境过湿。

叶斑病

主发于夏秋两季。夏季大都因为暴晒引起,可遮阴防治;秋季主要由于雨水过多、环境过湿造成,应尽量避雨,或抬高花盆不积水。

重茬种植或者不换盆,可导致病菌积聚,应换盆增加新土。地栽在冬季清园后覆土5cm。摆放过密不通风也是诱发原因。

冬季清园是预防叶斑病最重要的手段,可控制传染源。

5 不同地区绣球秋冬养护方法

华中、华北地区

秋天绣球的叶片会逐渐变为金黄色，冬天叶片会自然掉落，可以换盆覆土，并用磷酸二氢钾灌根和喷叶面肥，加速绣球枝干木质化。这样做可以有效抵御霜冻，帮助它更好度过冬天，储存更大的能量。

大花绣球需要在掉光叶片后放在0~10℃的光照环境下保护越冬，保护其芽点不受伤害。

粤、桂、琼地区

广东、广西、海南等地区，建议在冬天最冷的时候，手动撸掉叶片，第二年株型更好，叶片更鲜绿，开花性更好。记得埋底肥，等天气回暖即可开花，这些地区是花期最早的。

长江中下游地区

绣球一般可以无忧过冬，只需在寒流来袭的时候注意保护大花绣球的芽点即可。

京、津、冀地区

圆锥绣球不用管，'无尽夏'绣球也不用管；大花绣球可以用大棚膜罩起来，防止芽点冻坏，小苗用塑料油桶剪破了罩起来，在上冻前都要浇冻水。

东北地区

圆锥绣球老苗不用管，小苗则需要用大棚膜罩起来做保护；'无尽夏'也要罩起来，大花绣球不仅要罩起来，外层还要披上各种旧毯子旧衣服，记得在上冻前浇上冻水。

总体说来，绣球是属于极易打理的植物之一，多年生，不易死，能阴能晒，当然条件许可尽可能靠墙种，半日照它最喜欢。喜欢大水大肥，如果你不能了解什么时候应该浇水，当叶子发蔫就可以了，盛夏的时候需要早晚浇水，因为它是一台"抽水机"嘛。由于花朵硕大，所以自然喜肥，除栽种时的基础肥料，在生长期需要每周追速效水溶肥。

▶栎叶绣球'芒奇金'

跟着海妈学种花

3 绣球修剪攻略

绣球修剪,根据不同的需求分为以下几种。

1 增大冠幅

增大绣球植株的冠幅,可通过修剪,同时配合换盆来实现。

为了不影响开花,此类修剪应在6月初和7月底各进行一次。首先,每次修剪都要贴地剪去老、弱、病、残、细枝。其次,对于正常枝条,像托尼师傅给你理发一样,剪去带3~4片叶子的枝梢顶端,同时换大3~5cm的花盆。

注意夏季修剪不能将叶片全剪掉,要保留至少2/3的叶片,剪后如遇高温,一定要遮阴,避免新芽晒伤。

这样修剪后,绣球的分枝会成倍增加,一芽变两芽,两芽变四芽,冠幅增大。

2 改变株型

绣球有时候会长得东倒西歪,弯腰驼背,于是需要对它进行体态调整。建议7月进行,剪晚了来年就没花了哦。

要想一株绣球年复一年地长高、长宽,是不可以年年重剪的,否则越剪越矮。惯常手法是在早春3月贴地剪去老、弱、病、残枝和枯枝,将养分集中供给强健枝条,有助于花开得更好更大。

3 特殊品种修剪

'贝拉安娜'类绣球

每年需要重剪,冬末春初时将它剪到离地20cm左右,并舍去细软枝条。其实无论是月季还是绣球,细软的枝条价值都很小,即便开花大多也会倒伏,枝条不能承受之重啊。

圆锥绣球夏季修剪

为了在秋天也能欣赏圆锥绣球,我们会在6月初进行修剪,一般仅剪花和花下带三片叶子的部分，再换盆加新土，并给足日照，用保温棉裹盆，避免根系被高温灼伤，然后一周施一次花卉型肥料，这样8月中旬一般都可以复花。立秋后昼夜温差加大，圆锥绣球便可得到只有北方才有的秋色。

　　圆锥绣球冬季修剪

　　一般在立春前后进行。小苗重剪，大苗轻剪。小苗通过重剪，可以去掉顶端优势促发粗壮的笋芽；大苗轻剪，一般只剪20cm左右的枝梢，这样才能保持笼口和冠幅大，开花更多。一般情况下，大苗只剪老、弱、病、残枝和细枝，贴着分杈口剪。

4　预警

　　欧洲木绣球5月后就不能对其进行修剪，因为它开花在枝梢顶端，孕蕾需要半年，5月修剪后，第二年没有花。

　　中华木绣球可以不做修剪任其自然生长，或在4月末修剪病弱枝。

　　栎叶绣球仅在6月花后修剪。

▼冬季打霜后的圆锥绣球

▲大花绣球'贵安'调蓝后

4 绣球调蓝

多数大花绣球的花色是根据土壤的 pH 变化的。当 pH 呈碱性时，开粉色花，呈酸性时，开蓝色花。根据这个特性，我们可以人工干预对其调蓝。比如用硫酸亚铁、硫黄等各种调蓝剂，来改变土壤的 pH。

什么时候用调蓝剂呢？

在早春两叶一心的时候用就可以了，一直要用到花蕾显色便可停止。注意施用比例，一定要严格按说明书来，切不可浓了，浓了会烧苗。过量使用调蓝剂是绣球致死的重要原因之一。

绣球调蓝未必能百分百成功，因为绣球颜色的变化与基质、水质等都有关系。我在青城山种的绣球，未使用调蓝剂，第一年全部开蓝色花，第二年全部变成了粉色，也是非常有趣。所以，绣球不调色，顺其自然，反而充满了神秘感。我还种出过半朵蓝半朵粉的绣球，也遇到过上半年开粉色花、下半年开蓝色花的情况，非常惊喜。

5 不同地区如何选择合适的绣球品种

一般来说，新老枝开花的绣球，像'无尽夏''无尽夏新娘''雾岛之惠'等，全国可种。如果刚刚接触绣球，也建议你种植'无尽夏'和'无尽夏新娘'，这两个品种新老枝开花，抗病好，容易成活。

西南、长江中下游地区

如果处在西南、长江中下游地区（四川、重庆、贵州、云南、湖北、湖南、江西、河南、安徽、江苏、浙江、上海），所有的绣球品种都可以尝试。

华北、东北地区

如果处于华北、东北地区（北京、天津、山东、河北、山西、内蒙古、辽宁、吉林、黑龙江），新老枝开花的大花绣球品种，以及圆锥绣球系列、'贝拉安娜'绣球、欧洲木绣球和栎叶绣球都可种植。

西北地区

如果处于西北地区（陕西、甘肃、新疆、宁夏、青海、西藏），建议种植'无尽夏'，以及圆锥绣球系列、'贝拉安娜'绣球、欧洲木绣球和栎叶绣球。但在冬天一定注意防风防冻，需要用棉制品裹住枝条，防止枝条被风干和冻伤。

华南地区

如果处于华南地区（广东、广西、海南、福建），推荐所有大花绣球品种。圆锥绣球可栽种的有'石灰灯''小石灰''北极熊''幻影''夏日美人'。

12

蔬果

中国人的蔬菜情结

中国人对种菜有情结，走到哪里，菜就种到哪里，这种情结是根深蒂固的。在我写这篇文章的同时，我爸爸正在开垦一块荒地，荒地曾经种有竹子，他把竹子的疙瘩全部人工挖出来，我说请一个挖机来，他说开不进来，于是竹子、构树他全部亲手砍掉，烂砖头扔掉，重新开垦出一亩的土地来种菜。

可能是因为种菜快速以及高效的收获，几乎不会带来大的挫败，付出几分，就能收获几分，有明确的反馈和保障，所以我们都喜欢种菜。

自己种的蔬菜口感要好很多，有菜味，而不是像外面超市里卖的包装整齐的蔬菜，很多味同嚼蜡。自己种的蔬菜各有各的性格：番茄可能长这里一棵大，那里一坨小，而不是一个标准；黄瓜有的弯得像问号；辣椒有的大，有的小……可能正是这些大大小小的不标准，让我们觉得，亲自种的蔬菜更蕴含了自己的心血和情感。采收后即刻食用，也很新鲜。我之前访问过一个叫玉葫芦的花友，她在阳台上种辣椒，种各色的蔬菜。她指着一个发芽的红薯告诉我，今天晚上就掐十几根红薯苗的尖儿来，下面吃。还可以一边端着面碗，一边去阳台，掐根葱，然后直接掐成儿节，扔进碗里，呼噜呼噜下肚，这种感受别提多美妙了。

但是现在的年轻人，已经不太熟悉如何种菜：在哪个季节里该播种，该栽种什么样的蔬菜。在之前的篇章里，也教了大家如何做堆肥，自制鱼肠水肥，自制液肥。这些较为有机的自制肥料方式都非常适合应用于蔬菜的栽种。因为堆肥和有机肥料的施用会使蔬菜的口感和甜度明显增加，也许是因为我们的自制堆肥里面含磷和钾比较高。堆肥还可以提供较为全面的营养。

蔬菜栽种，楼顶花园很合适。可以用泡沫箱、种植框、种植池，我自己用的是一个不锈钢焊接的种植池。海蒂和噜噜的花园是用枕木框起来做的一个种植池。还有一米菜园，有用防腐木做的，也有用简单的泡沫箱种的，甚至用一个烂瓷缸种一些葱花，也是可以的。

各种蔬菜的详细栽种方法，还有香草以及果树的栽种，我们有机会再重点讲。这本书里，只能浅尝辄止地讲一下草莓的栽种方法，以及可以与蔬菜搭配的花卉，还有各个季节栽种什么蔬菜，收获什么蔬菜，全年栽种的香草有哪一些等。

蔬菜与花卉搭配别有一番情趣。可以与蔬菜搭配的花卉有哪些呢？春冬可以搭配金盏菊、角堇。夏天就可以栽种万寿菊、堆心菊和孔雀草。这些花卉栽种在蔬菜花园的周围，可控制或减少蔬菜的病害，而且使蔬菜园变成一个花园，即我们常说的蔬菜花园。

▶草莓套袋

跟着海妈学种花

植 物

草莓种植

每年到冬天，各个地方有一项娱乐活动，就是去郊区的大棚采摘草莓。其实草莓也很适合在家里的阳台上种，下面是一些养护方法。

品种选择

新手建议先从经典的红草莓开始，比如'章姬''红颜''香野'等。虽然现在也很流行一些白草莓，但养护起来会更费心些，建议进阶后期再入手。

种植时间

一般在10月左右，就有草莓苗售卖了。一直到春季3月，都可以种植。但还是建议提早种，经历了冬季低温后的草莓，口感更香甜。

种植方法

草莓的根系比较浅，所以盆不能太深，单棵苗可以种在17~20cm的盆中。多棵苗一起种的话，株距在20cm左右，尽量选择透水透气的盆和土，干湿循环快，更利于长根。

栽种的植株略高于盆，苗中间嫩芽不被基质淹没，这样才能照到阳光，不易烂心，种好后要浇透水。

温度合适的时候，尽量放在阳光充足的环境，利于开花结果。

浇水

平时浇水见干见湿，注意浇到根系附近，不要直接浇到花朵和果实上。采摘前可以适当控水，增加草莓的颜色和含糖量。

施肥

栽种的时候可以埋点有机肥。生长期时施氮磷钾均衡的肥料，到开花结果期，注意补充磷钾肥，建议一周一次使用蔬果花卉型肥料。

▲成熟的草莓　▲草莓开花

人工授粉

在自己家里很难有蜜蜂，靠草莓自身很难结果子。需要我们帮它授粉，开花的时候用毛笔刷、化妆刷或者棉签蘸一蘸外围的黄色雄蕊，再涂一涂中间突起的区域，就完成授粉了。

病虫害防治

红蜘蛛、小黑飞常会有，可在草莓盆里种点葱或蒜苗，因为气味不是它们所喜爱的，所以可以抑制住。

养护环境避免湿度过高，保持通风，可以减少白粉病的发生。

其他日常管理

及时摘除老叶，以减少病害滋生。发现匍匐茎及时拔除，避免争抢营养。

开花结果期可以适当疏掉一些小花，只保留较大的花苞，把营养集中。这样也能让草莓苗持续结果，不然到后期，果子只会越来越小。等结果后，如果想要单果大，也要疏果，可以把小个的，或者畸形的去掉。留下的果子可以套袋，防虫防鸟。

匍匐茎繁殖的乐趣

匍匐茎是草莓很重要的繁殖的方式，一般在结果后会大量长，这时候也是繁殖加倍的好时候。

选择健壮的匍匐茎，先把它埋在小盆里，但不要剪断它和母株的连接，盆里可以装通用型的配方土，保持土壤湿润。

等到小草莓苗长出健康的根系，剪掉和母株连接的茎，给它换一个更大的盆就可以了。

蔬菜栽种收获时间表

播种季节	品种	3月	4月	5月	6月	7月	8月	9月	10月	11月	12月	1月	2月
春夏	苋菜	播种	播种										
					收获	收获	收获						
	生菜	播种	播种	播种				播种	播种				
					收获	收获				收获	收获	收获	
	茄子	播种											播种
					收获	收获	收获						
	黄瓜	播种											播种
					收获	收获	收获	收获					
	丝瓜	播种	播种										
						收获	收获	收获					
	冬瓜	播种											
					收获	收获	收获	收获	收获				
	南瓜	播种	播种										
					收获	收获	收获	收获					
	苦瓜	播种	播种										
					收获	收获	收获	收获					
	番茄	播种											播种
					收获	收获	收获	收获					
	豇豆	播种											播种
					收获	收获	收获	收获					
	花生	播种											播种
						收获	收获						
	空心菜	播种	播种										
					收获	收获	收获	收获	收获				
	黄豆	播种	播种										播种
						收获	收获	收获	收获				
	四季豆	播种	播种										播种
					收获	收获	收获						
	辣椒	播种											播种
					收获	收获	收获	收获	收获				
	红薯	栽种	栽种	栽种									
									收获	收获	收获		

友搭花卉植物: 旱金莲、虞美人、鼠尾草、海石竹、矮风铃草、百日草、万寿菊、香雪球、黑种草、麦秆菊、香彩雀、蒲公英

续表

播种季节	品种	3月	4月	5月	6月	7月	8月	9月	10月	11月	12月	1月	2月
秋冬	茼蒿	播种						播种	播种				播种
			收获	收获	收获				收获	收获	收获	收获	收获
	包菜						播种	播种					
									收获	收获	收获	收获	收获
	胡萝卜					播种	播种	播种					
									收获	收获	收获	收获	收获
	土豆							块植	块植	块植	块植	块植	
			收获	收获	收获	收获						收获	收获
	芥菜						播种	播种	播种				
								收获	收获	收获	收获	收获	收获
	油麦菜								播种	播种	播种		
									收获	收获	收获		
	花菜						播种	播种	播种				
		收获								收获	收获	收获	
	油菜苔						播种	播种	播种				
		收获								收获	收获	收获	
	牛皮菜						播种	播种					
									收获	收获	收获		
	萝卜						播种	播种	播种				
									收获	收获	收获	收获	
	白菜	播种	播种				播种	播种					
				收获	收获					收获	收获	收获	
	莴苣		播种	播种				播种	播种				
				收获	收获					收获	收获		
	豌豆尖						播种	播种	播种				
									收获	收获	收获	收获	收获
	豌豆							播种	播种	播种			
			收获	收获									
	芹菜							播种	播种				
		收获	收获								收获	收获	收获
	友搭花卉植物: 角堇、旱金莲、香雪球、姬小菊、金盏花、地中海荚蒾、瑞香												
全年可种	葱、豆芽、小白菜、迷迭香、韭菜、香菜												

备注:

1、一次性采收的蔬菜,如生菜、莴笋等,在适宜播种期,建议每隔 15 天播一轮,分批采收。

2、瓜果类,在适宜播种期,建议每隔 1 个月左右播一轮,延长采收期。

3、本表以四川地区为代表,南、北方地区的最早、最迟播种时间可适当提前、延后。

4、本表仅供家庭菜园自然栽种参考。

13

植物配置与
花园生态平衡

生态的花园

植物、动物和人类和谐相处，是可以做到的。

几年前我曾去到荷兰拜访过下面这位先生，我已经忘了他的名字，但我记得他的话和他的花园。他说荷兰已经被全面开发，没有原生地貌了，野生动物，特别是鸟类，已经锐减，所以他建立了50亩地的花园。说是花园，其实是一片原生态的竹林，现在里面生活着100多种鸟类。他说起竹子，如数家珍，指着野毛竹说：这是来自喜马拉雅山脚的竹子！此刻竟特别想念他，希望有很多像他一样的人，为野生动物安一个家。保护它们，其实也是保护我们自己，同一个地球，同一个家园。

我在"海蒂和噜噜的花园"进行了生态花园的尝试，三年了，可食用，可观赏，不打药，植物、动物和人类和谐共处，的确可以做到。我们因此也深深地体会到了生态花园的好处和快乐。

▲荷兰一家生态花园的主人

▲海外公在花园做的虫屋

1 生态花园是最好的自然教育场所

动物本就是自然的一部分，它们是孩子们的伙伴，孩子认识世界，了解自然，就需要走进它们，了解它们。

癞蛤蟆的卵是线形的，蝌蚪是纯黑的；青蛙的卵是圆形的，蝌蚪呈灰色，这都是有水池后我家娃娃们观察到的。夏天的傍晚蜻蜓低飞盘旋，红色和蓝色，噜噜说曾观察到虎斑的。豆娘的生存环境和蜻蜓一样，我有幸在花园看到有十种以上不同形态的豆娘，也曾亲眼看见它们从水里爬上睡莲，蜕去厚壳，晾干翅膀，然后快乐地起舞。

因为有了它们，我的花园植物才能传粉结种子，才有了勃勃生机，孩子们多了如此多的乐趣。请允许我矫情一下，眼睛湿一下，此刻，我胸中涌起对这些小虫子的感恩之情。

即使在城市的高楼丛林中，我们也可以建立起来它们需要的环境，一方小池，种上荷花与木贼，让蜻蜓有停留和谈恋爱的地方。

▼花园里的白颊噪鹛

2 生态花园的秘密——用植物完善生态链

　　生态的平衡具体如何找呢？一句话：筑巢引凤。简单来说就是引来益虫吃掉害虫，形成生态食物链。

关于蚜虫的食物链

　　首先说蚜虫，蚜虫特别坏，会引发煤烟病、病毒病，后面还跟着一群蚂蚁吸食它的蜜露，给它当清道夫。蚜虫的种类极多，绿的、黑的，还有粉的，不知道你们家里的是哪种。

　　但是瓢虫最喜欢蚜虫，瓢虫是肉食性的，瓢虫幼虫主要吃蚜虫、蓟马、介壳虫、粉虱、叶螨（红蜘蛛类）……瓢虫的种类数千种，甚至还有食菌瓢虫，实在是太宝贝了。

　　那么谁来养蚜虫呢？当然是植物呀。全年吸引蚜虫的地中海荚迷，3 月的'粉霜'绣线菊，11 月开到来年 5 月的金盏菊，5 月开到 10 月的孔雀草……这些植物比月季更受蚜虫欢迎，有三五株就可以完全吸引蚜虫，控制住蚜虫对其他植物的祸害。所以养几株用来牺牲的植物就非常重要了，我例举的上面这几种植物经试验表明，它们虽然吸引蚜虫，但却不会受到蚜虫影响，可以正常生长开花。这种花园里没有红蜘蛛，没有介壳虫，没有蓟马，只有些许蚜虫的爽快感，哈哈哈！

关于各种青虫的食物链

　　再说青虫，也就是《花千骨》里"糖宝"的兄弟姐妹们，蝴蝶的儿子。它们的形象特别可爱，尤其是各种各样的蝴蝶，美呀！与它们在花园里偶遇，尤其是对于孩子们来说，是特别珍贵的自然体验。但是祸害你的花草植物时，就没那么可爱了。

　　蝴蝶最喜欢吃的是啥？蝴蝶在秋天产卵，有些是越冬后早春孵化，有些是秋天孵化，种点啥给它的儿子吃呢？秋天叶子反正都要掉，给它吃了又何妨？例如：大木槿、苹果树、鸡爪槭、爬山虎、黑莓……而苹果、香蕉、梨等糖水甜食，也特别招虫。所以，我花园里有一棵巨大的苹果树，是种来一边喂鸟，一边喂蝴蝶的。蝴蝶养肥了好产卵，生下好多毛毛虫。苹果树结果，叶子被秋虫啃得只余下脉络，我还洋洋得意起来。你

◀树枝上的螳螂蛹

不懂，因为它们都是"饲料"。

我同时看到了五种以上不同的螳螂。这种昆虫有好硬核呢？它可真不是吃素的，就爱吃虫子肉！抓一只小螳螂到爬满青虫的月季叶子上去，10分钟，各种小毛毛虫就被吃得干干净净，可谓是昆虫的顶级猎食者。生物链就是这么个过程。

青虫除了养活螳螂，还养活鸟类，春天的毛毛虫想生存何其艰难，三月开始，每天清晨的花园就是鸟儿们的会议室，数以百计。老实讲，我就没有在春天的花园里看到过虫，多半被干掉了。

为了养野鸟，我也是煞费苦心。各色果子种起来，樱桃、桃子、杏、苹果，无一例外，我们吃得很少，都给鸟吃了；还要在冬季养点枯草，野草，结种子给鸟吃；甚至养了一池鱼，冬天全给水鸟叼光了。看到鸟在自己的花园里筑巢，看到雏鸟扑打翅膀学飞，看到小鸟一家在枝头叽叽喳喳聊天，这才是千金难换的享受。

地面的虫害还有一种有趣的动物可以解决，宠物鸡了解一下，它们可爱、小巧、漂亮，关键是吃各种虫子，千足虫、草鞋虫、蜗牛，它不挑。而且可以像遛狗一样遛它。

跟着海妈学种花

关于蚊子的食物链

夏秋季是不是都不想去花园里待，对呀，蚊子太多了。我可以徒手抓老母虫和癞蛤蟆，但我和你们一样讨厌一种虫：蚊子！我恨它们真是牙痒痒。但这两年，我有了对付蚊子的利器——生态池塘。这也是一种筑巢引凤。生态花园务必要一个小水池，半平方米也好呀。野鸟飞累了，还可以来到花园歇息停留一下，有吃有喝，给它加个油呀！

重要的是，需要水的虫子和动物比如蜻蜓、豆娘、青蛙、蛤蟆，都是吃蚊子的好手。我随手搜了一下癞蛤蟆的食谱：蜗牛、田螺、蚂蚁、蝗虫、蝼蛄、地老虎、金龟子、菜青虫、蚯蚓、蚊蝇……现在你还嫌它丑吗？我们看看蜻蜓的食谱：苍蝇、蚊子、叶蝉、虻蠓类和小型蝶蛾类等多种害虫……所谓蜻蜓点水，是它在水里产卵，你知道它的幼虫在水里吃啥吧？就吃蚊子的儿子。蜻蜓也从来都不是吃素的。

注意了，水池里的蚊子幼虫子孓，只有小鱼才吃，大鱼是不吃的。再看看豆娘的食谱：体型微小的蚊、蝇和蚜虫、介壳虫、木虱、飞虱、摇蚊……昆虫为主食。

生态的平衡是容纳适度的破坏，这些并不影响整个花园的美丽，反而因这些小昆虫而精彩。花园是给所有生物共享的，人只是生物的一种罢了。

不必害怕这些虫，它们最多蜇我们一口，包括蛇，它是不愿意咬人的，因为多代的进化让它明白，咬了人是要付出生命代价的。我也在花园里被蜜蜂蜇过，就当免费除湿了。

说到昆虫，我们务必在花园里种足够多的蜜源植物，多数单瓣的植物都有花蜜。
春天：虞美人、地中海荚蒾、海棠花、银叶金合欢、樱桃花、桃花、杏花、油菜花……
夏天：醉鱼草、柳叶马鞭草、百子莲、单瓣地中海型绣球花、月季、薰衣草、鼠尾草……
秋天：野棉花、龙胆花、单瓣紫菀……

要让两栖动物安家的条件——建一个生态池塘

两栖动物的卵只产在浅滩，水流不急的地方，所以水缸不行；水面要基本平齐陆地，方便它们随时上岸，说来可能是个笑话，青蛙会被淹死。

地面的土壤要松软，不要硬化，方便它们冬眠。

生态池塘里一定要有植物，植物脱盆栽种进泥土，根系扎满整个水池，这样水体才会非常干净，适合它们生存；睡莲、荷花、碗莲、水草都好，植物是它们的天然屏障，用来躲避天敌。

注意管好自己的熊孩子，不知道为何一到春天，家长会带着瓶子和舀（网）子到花园来，打捞蝌蚪。蝌蚪能顺利长大的极少，存活率原本就是千分之几，我们作为顶级猎食者要去干预就会变成万分之几了。

帮虫子建房子过冬

说说花园里昆虫过冬的方法，讲究点的做虫屋，不讲究的就像是我，在花园各个角落放朽木，让植物爬在上面，仿野生环境，那个角落会温暖，让它自然过冬吧。你也可以做个虫屋。答应我：教会孩子不要怕昆虫，去认识它们，了解它们，珍惜它们。

▼徒手捉虫

跟着海妈学种花

▲螳螂

▼蛞蝓

植　物

卷叁

附录

海妈推荐花园植物栽种一览表

李树　　　　　　山楂树　　　　　　桃树　　　　　　杏树

苹果树　　　　　　梨树　　　　　　樱桃树　　　　　　柑橘类

无花果　　　　　　菲油果　　　　　　石榴树　　　　　　枣树

柿子树　　　　　　鸡爪槭　　　　　　樱花　　　　　　玉兰

梅花　　　　中华木绣球　　　欧洲木绣球　　　　　　海棠

乔木

关于乔木的高度及果期，本书参考成都及相似气候区。高度及冠幅与栽种（压枝、修剪）技术及气候相关，适应地区与栽种的小环境强相关。如果在温室条件下，将不受到植物本身特性影响，全国均可栽种。如果喜欢某种乔木，自己环境不一定匹配，亦可通过栽种小苗，进行本土驯化，有机会获得成功。本书数据仅供参考。

品种名	成株株高（m）	成株冠幅（m）	主花期（月）	适宜生长气温（℃）	耐寒/耐热温度（℃）	适宜地区
李树	3～6	4～5	4（果期7～8）	15～20	耐寒 -30，耐热 38	全国可种
山楂树	6	3～4	5～6（果期9～10）	15～25	耐寒 -36，耐热 40	全国可种
桃树	3～8	3～4	3～4（果期6～7）	15～20	耐寒 -25，耐热 38	全国都能栽种
杏树	5～8	3～4	3～4（果期6～7）	15～20	耐寒 -30，耐热 40	原产于中国新疆，以华北、西北和华东地区种植较多
苹果树	15	5～8	4～5（果期7～10）	15～25	耐寒 -30，耐热 38	辽宁、河北、山西、山东、陕西、甘肃、四川、云南、西藏
梨树	3.5～10	1.5～4	2～5（果期7～8）	7～30	耐寒 -25，耐热 38	安徽、河北、山东、辽宁、四川、山西、甘肃、新疆、浙江、上海、福建、河南
樱桃树	2～5	1～2	3～5（果期5）	15～20	耐寒 -15，耐热 40	黑龙江、吉林、辽宁、河北、陕西、甘肃、山东、河南、江苏、浙江、江西、四川
柑橘类	1.5～2	1～2	4～5（果期10～12）	13～26	耐寒 -8，耐热 40	南起海南省的三亚市，北至陕、甘、豫，东起台湾省，西到西藏藏的雅鲁藏布江河谷
无花果	2～10	2～5	5～7（果期8～10）	8～20	耐寒 -10，耐热 40	南北方均可种
菲油果	3～6	1～2	5～6（果期11）	10～30	耐寒 -10，耐热 40	云南、湖南、四川、福建、广东
石榴树	2～4	2～5	5～7（果期9～10）	15～20	耐寒 -18，耐热 40	南北方均可种
枣树	≥10	2～5	5～6（果期8～9）	13～25	耐寒 -26，耐热 38	吉林、辽宁、河北、山东、山西、陕西、河南、甘肃、新疆、安徽、江苏、浙江、江西、福建、广东、广西、湖南、湖北、四川、云南、贵州、北京
柿子树	10～14	8～10	5～6（果期9～10）	10～22	耐寒 -20，耐热 38	除了北部黑龙江、吉林、内蒙古和新疆等寒冷的地区外，大部分省份都可种植。
鸡爪槭	5～7	1.5～5.5	5（果期9）	20	耐寒 -20，耐热 35	山东、河南南部、江苏、浙江、安徽、江西、湖北、湖南、贵州
樱花	4～16	3～5	3～5（果期5）	18～20	耐寒 -20，耐热 35	温带以及亚热带地区
玉兰	5	2～3	2～3（果期8-9）	25 左右	耐寒 -10，耐热 38	中部各省，北京及黄河流域以南
梅花	4～10	1.5～2	12～4（果期5～8）	18～20	耐寒 -15，耐热 38	南北方均可种
中华木绣球	4～6	2～3	4～5	18～28	耐寒 -10，耐热 38	北京以南、中部地区

附　录

紫叶李

琼花

含笑

柳树

紫薇

烟树

千层金

桂花

乌桕

'银叶金合欢'

茶花

蜡梅

松柏类

◀乔木

▼灌木

绣线菊'八重小手球'

绣线菊'黄金喷泉'

喷雪花

溲疏'草莓田'

跟着海妈学种花

品种名	成株株高（m）	成株冠幅（m）	主花期（月）	适宜生长气温（℃）	耐寒/耐热温度（℃）	适宜地区
欧洲木绣球	4	1～1.5	4～5	18～28	耐寒 -30，耐热 38	北方、中部地区均可栽种
海棠	2～6	1～2	3～5（果期 9～10）	15～24	耐寒 -15，耐热 38	山东、河南、陕西、安徽、江苏、湖北、四川、浙江、江西、广东、广西、北京
紫叶李	6	2～4.5	4（果期 8）	15～25	耐寒 -10，耐热 38	中国华北及其以南地区
琼花	4	1.5	4～5（果期 9～10）	20～25	耐寒 -10，耐热 38	江苏、安徽、浙江、江西、湖北、湖南
含笑	2～3	1～1.5	3～5（果期 7～8）	18～22	耐寒 -5，耐热 38	南北方均可种
柳树	12～18	7	3～4（果期 4～5）	20	耐寒 -30，耐热 38	南北方均可种
紫薇	4～7	2.5～3	6～9（果期 10～11）	15～30	耐寒 -15，耐热 38	广东、广西、湖南、福建、江西、浙江、江苏、湖北、河南、河北、山东、安徽、陕西、四川、云南、贵州及吉林
烟树	4～7	≥4	5～6（果期 7～8）	20～30	耐寒 -15，耐热 38	西南、华北、浙江、北京和天津
千层金	6～8	3～5	4～5	20～30	耐寒 5，耐热 38	南方大部分地区
桂花	3～10	2.5～5.5	9～10	15～28	耐寒 -5，耐热 38	北可抵黄河下游，南可至两广、海南等地
乌桕	15	12～12.5	5～7	15～28	耐寒 -10，耐热 38	黄河以南各省区
银叶金合欢	6	3	2～3（果期 6～9）	20～30	耐寒 -5，耐热 38	浙江、台湾、福建、广东、广西、云南、四川
茶花	3～5	1.5	12～3 月	20～32	耐寒 -5，耐热 38	中部地区、南方地区
蜡梅	4	1.5	11～3（果期 4～11）	14～28	耐寒 -15，耐热 38	山东、江苏、安徽、浙江、福建、江西、湖南、湖北、河南、陕西、四川、贵州、云南
松柏类	20～50	18	10～5（果期 9～10）	13～22	耐寒 -30，耐热 38	南北方均可种

灌木

　　落叶灌木几乎耐寒性都较高，但单一品系里有很多不同的品种及花色，其特性（高矮、冠幅）也不一样，在选择栽种时要注意。植物的高矮、冠幅与修剪和栽培环境相关，本书数据仅供参考。

　　南方可尝试很多花灌木的栽种，可通过立春前一周强行拔光叶子进行春化作用从而完成花芽分化。

品种名	成株株高（m）	成株冠幅（m）	主花期（月）	适宜生长气温（℃）	耐寒/耐热温度（℃）	适宜地区
绣线菊 '八重小手球'	1～1.5	1～1.5	4～5	15～25	耐寒 -20，耐热 38	全国可种
绣线菊 '黄金喷泉'	1～2	1～2	5～6	15～25	耐寒 -20，耐热 38	全国可种
喷雪花	1.5～2	1.5～2	3～4	15～25	耐寒 -20，耐热 38	全国可种
溲疏 '草莓田'	1.2～1.8	1.2～1.8	5～6	15～25	耐寒 -20，耐热 38	北方、中部地区均可栽种

重瓣溲疏'粉铃铛'　　溲疏'雪樱花'　　溲疏'雪绒花'　　'金叶'锦带

'乌木象牙'锦带　　丁香　　粉团荚蒾　　接骨木

蓝叶忍冬　　紫荆　　牡丹　　常绿杜鹃

落叶杜鹃　　猬实　　弗吉尼亚鼠刺　　圆锥绣球'北极熊'

圆锥绣球'石灰灯'　　圆锥绣球'夏日美人'　　圆锥绣球'幻影'　　圆锥绣球'小石灰'

续表

品种名	成株株高（m）	成株冠幅（m）	主花期（月）	适宜生长气温（℃）	耐寒/耐热温度（℃）	适宜地区
重瓣溲疏 '粉铃铛'	1.2～1.8	1.2～1.8	3～5	15～25	耐寒 -20，耐热 38	北方、中部地区均可栽种
溲疏 '雪樱花'	0.6-0.8	0.6-0.8	4-5	15-25	耐寒 -20，耐热 38	全国可种
溲疏 '雪绒花'	0.6～0.8	0.6～0.8	4～5	15～25	耐寒 -20，耐热 38	全国可种
'金叶' 锦带	1.5～2	1.2～1.5	5～9	15～25	耐寒 -20，耐热 38	全国可种
'乌木象牙' 锦带	0.9～1.2	0.3～0.6	5～6	15～25	耐寒 -20，耐热 38	全国可种
丁香	1～3	1～1.5	4～6、7～8	15～25	耐寒 -20，耐热 38	北方、中部地区均可栽种
粉团荚蒾	2.5～3	1.5～1.8	4～6	15～25	耐寒 -20，耐热 38	北方、中部地区均可栽种
接骨木	1.8～2	1～2.5	5～6	22～25	耐寒 -8，耐热 38	北方、中部地区均可栽种
蓝叶忍冬	0.8～1.5	1.5～2.5	4～5	22～28	耐寒 -20，耐热 38	全国可种
紫荆	4	2～3	3～4（果期 8～10）	13～25	耐寒 -18，耐热 38	河北以南可种
牡丹	0.6～1	0.4～0.5	4～5	16～20	耐寒 -18，耐热 38	北方、中部地区均可栽种
常绿杜鹃	0.8～1	0.3～0.6	4～5	12～25	耐寒 5，耐热 38	中部、南方可种
落叶杜鹃	1.2～3	1～1.5	4～5	12～25	耐寒 -20，耐热 35	5-8 区
猬实	1.8～2.4	1.8～2.4	5～6	15～25	耐寒 -20，耐热 38	北方、中部地区均可栽种
弗吉尼亚鼠刺	1～1.5	0.9～2	4～5	15～30	耐寒 -18，耐热 38	全国可种
圆锥绣球 '北极熊'	1.8	1.8	6～10	15～30	耐寒 -30，耐热 38	全国可种
圆锥绣球 '石灰灯'	1.2～1.6	1～1.5	6	15～30	耐寒 -30，耐热 38	全国可种
圆锥绣球 '夏日美人'	1.2	0.8	6～10	18～28	耐寒 -20，耐热 38	全国可种
圆锥绣球 '幻影'	1.5～2.5	1.5～2	7～9	18～28	耐寒 -30，耐热 38	全国可种
圆锥绣球 '小石灰'	0.6～1	0.6～0.8	6～10	18～28	耐寒 -30，耐热 38	全国可种

圆锥绣球'胭脂钻'　　圆锥绣球'香草草莓'　　圆锥绣球'白玉'　　木槿

六道木　　'彩叶杞柳'　　松红梅　　瑞香

▲灌木

结构植物▶　　法国冬青　　'金禾'女贞　　黄杨

新西兰亚麻　　澳洲朱蕉　　棒棒糖 栀子花　　栀子花　　'金姬'小蜡

'银姬'小蜡　　'龟甲'冬青　　'火焰'南天竹　　十大功劳

品种名	成株株高（m）	成株冠幅（m）	主花期（月）	适宜生长气温（℃）	耐寒/耐热温度（℃）	适宜地区
圆锥绣球'胭脂钻'	0.6～1	0.6～0.8	6～10	18～28	耐寒-30，耐热38	北方、中部地区均可栽种
圆锥绣球'香草草莓'	2	2	6～10	18～28	耐寒-40，耐热38	北方、中部地区均可栽种
圆锥绣球'白玉'	2	2	6～10	18～28	耐寒-40，耐热38	北方、中部地区均可栽种
木槿	2～4	1～2	7～10	18～25	耐寒-25，耐热38	全国可种
六道木	1～1.5	1～1.5	5～11	15～25	耐寒-10，耐热38	北方、中部地区均可栽种
'彩叶杞柳'	1～3	1～1.5	观叶	15～25	耐寒-20，耐热38	北方、中部地区均可栽种
松红梅	1～2	0.5～1.9	11～翌年4	18～25	耐寒0，耐热38	华北、华中、华东、华南、西北、西南
瑞香	0.4～0.9	0.4～0.9	12～翌年4	15～25	耐寒-5，耐热38	华北、华中、华东、华南、西北、西南

结构植物

多数结构型植物均是通过修剪控制其达到理想高度。本书所述成株株高是建议修剪到达的高度。结构植物的体量受栽种环境特别是温度的影响很大，南方地区可能长得更大，北方地区生长期短，长势更慢。本书数据仅供参考。

品种名	成株株高（m）	成株冠幅（m）	主花期（月）	适宜生长气温（℃）	耐寒/耐热温度（℃）	适宜地区
法国冬青	2～10	1.5～5	观叶	15～25	耐寒-5，耐热38	华中、华东、华南、西南
'金禾'女贞	1～3	0.8～1	观叶	13～22	耐寒-5，耐热38	华中、华东、华南、西北、西南
黄杨	1	0.8～1	观叶	25～28	耐寒-18，耐热38	华北、华中、华东、华南、西北、西南
新西兰亚麻	1～1.5	1.5	观叶	15～25	耐寒-5，耐热38	华中、华东、华南、西北、西南
澳洲朱蕉	5～9	1～2	观叶	20～25	耐寒-8，耐热38	华中、华东、华南、西北、西南
栀子花	0.3～3	0.5～1	5～7	20～28	耐寒-5，耐热38	华中、华东、华南、西北、西南
'金姬'小蜡	1	1	观叶	25	耐寒-8，耐热38	全国可种
'银姬'小蜡	1～2	1	观叶	25	耐寒-8，耐热38	全国可种
'龟甲'冬青	0.8	0.8	观叶	20～25	耐寒-8，耐热38	全国可种
'火焰'南天竹	0.3	0.3	观叶	15	耐寒-8，耐热38	全国可种
十大功劳	0.5～3	0.5～3	观叶	5～20	耐寒-8，耐热38	华中、华东、华南、西北、西南

玉簪　　　芍药　　　德国鸢尾　　　大滨菊

千鸟花 / 山桃草　　　美丽月见草　　　百子莲　　　松果菊

大花萱草　　　天蓝鼠尾草　　　樱桃鼠尾草　　　球菊

紫菀　　　乒乓菊　　　八宝景天　　　随意草

蜀葵　　　野棉花　　　宿根福禄考　　　蓝盆花

跟着海妈学种花

宿根植物

宿根植物单种所涵盖的品种很多，例如百子莲有耐寒性极高的荷兰系列，也有不太耐寒的常绿系列，在栽种时要注意考虑不同品种的特性，以避免冻害。

宿根植物基本全国可种，南方地区要注意沤根问题。

宿根植物品种差距大，南北方栽种长势区别明显，本书数据供仅参考，

品种名	成株株高（m）	成株冠幅（m）	主花期（月）	适宜生长气温（℃）	耐寒/耐热温度（℃）	适宜地区
玉簪	0.2～0.6	0.3～0.45	5～8	15～25	耐寒 -30，耐热 38	全国可种
芍药	0.6～1.2	0.6～0.9	4～6	15～20	耐寒 -20，耐热 38	北方、中部地区均可栽种
德国鸢尾	0.6～0.8	0.25～0.3	5～6	15～25	耐寒 -20，耐热 38	北方、中部地区均可栽种
大滨菊	0.6～0.8	0.25～0.3	4～5	15～30	耐寒 -18，耐热 38	全国可种
千鸟花/山桃草	0.8	0.35	5～11	15～25	耐寒 -18，耐热 38	全国可种
美丽月见草	0.4～0.6	0.3	3～5	15～25	耐寒 -18，耐热 38	全国可种
百子莲	0.45～1.6	0.45～0.6	5～7	15～25	耐寒 -18，耐热 38	全国可种，品种有差异
松果菊	0.4～0.8	0.3	5～10	20～30	耐寒 18，耐热 38	全国可种
大花萱草	0.4～0.7	0.3～0.4	5～9	13～17	耐寒 -20，耐热 38	全国可种
天蓝鼠尾草	1.5	0.2～0.3	6～10	15～25	耐寒 -18，耐热 38	全国可种
樱桃鼠尾草	0.6	0.4	5～11	15～22	耐寒 -18，耐热 38	全国可种
球菊	0.5～0.8	0.5～1	9～11	18～21	耐寒 -20，耐热 38	全国可种
紫菀	0.6～0.8	0.3～0.4	6、10	15～20	耐寒 -20，耐热 38	全国可种
乒乓菊	0.4～0.8	0.3～0.4	8～11	18～21	耐寒 -20，耐热 38	全国可种
八宝景天	0.3～0.5	0.4	7～10	13～20	耐寒 -20，耐热 38	全国可种
随意草	0.6	0.3	6～8	10～22	耐寒 -18，耐热 38	全国可种
蜀葵	1.5～2	0.3～0.5	2～8	25～30	耐寒 -18，耐热 38	全国可种
野棉花	0.4～0.8	0.1～0.3	8～10（果期 9～11）	19～29	耐寒 -20，耐热 38	北方、中部地区均可栽种
宿根福禄考	0.05～0.1	0.25	3～4	18～21	耐寒 -30，耐热 38	全国可种
蓝盆花	0.3～0.8	0.2～0.5	6～8	18～21	耐寒 5，耐热 35	中部地区

朱顶红　　百合　　大丽花　　球根海棠

唐菖蒲　　彩色马蹄莲　　火星花

落新妇　　姜荷花　　彩叶芋　　晚香玉

风雨兰　　酢浆草　　花毛茛

郁金香　　香雪兰　　风信子

球根植物

　　球根植物基本全国都可以栽种，只是冬天休眠时储存方式有所不同。南方地区可以通过将干种球包裹后放进冰箱冷藏室 40 天左右的方式对种球进行春化作用。极少品类例如花贝母喜冷凉气候，更适合高山地区。本书数据供仅参考。

品种名	成株株高（m）	成株冠幅（m）	主花期（月）	适宜生长气温（℃）	耐寒 / 耐热温度（℃）	适宜地区
朱顶红	0.4～0.6	0.2～0.3	4～5	18～25	耐寒 -8，耐热 38	全国可种
百合	0.7～1.5	0.2	5～7	15～25	耐寒 -20，耐热 38	全国可种
大丽花	0.4～2	0.2～0.5	6～11	15～25	耐寒 0，耐热 38	全国可种
球根海棠	0.3	0.2～0.4	6～11	15～25	耐寒 5，耐热 38	全国可种
唐菖蒲	1.25	0.2	5	20～25	耐寒 -5，耐热 38	全国可种
彩色马蹄莲	0.3～0.5	0.3	4～6	18～24	耐寒 -5，耐热 38	全国可种
火星花	0.8	0.4	5～7	22～30	耐寒 -10，耐热 38	全国可种
晚香玉	0.6	0.4	6～11	15～30	耐寒 -10，耐热 38	全国可种
落新妇	0.3～1	0.3～0.8	6～8	15～25	耐寒 -30，耐热 38	全国可种
姜荷花	0.4～0.6	0.4	7～10	20～30	耐寒 10，耐热 38	全国可种
彩叶芋	0.4～0.7	0.15～0.3	观叶	20～35	耐寒 -10，耐热 38	全国可种
风雨兰	0.3～0.45	0.2	6～10	22～30	耐寒 -10，耐热 38	全国可种
酢浆草	0.1～0.35	0.1～0.3	翌年	15～25	耐寒 -8，耐热 38	全国可种
花毛茛	0.3～0.4	0.2～0.3	2～4	10～20	耐寒 5，耐热 38	全国可种
郁金香	0.5	0.1	2～3	15～20	耐寒 -15，耐热 20	全国可种
香雪兰	0.3～0.4	0.3	4～5	15～20	耐寒 7，耐热 30	全国均能栽种
风信子	0.2～0.3	0.1	3～4	15～18	耐寒 -9，耐热 30	全国均能栽种

葡萄风信子   番红花   雪片莲

花葱   玉米百合   银莲花

蓝铃花   虎眼万年青   雪光花   花韭

中国水仙   洋水仙   小花葱   花贝母

独尾草   围裙水仙   文殊伞百合   垂筒花

品种名	成株株高（m）	成株冠幅（m）	主花期（月）	适宜生长气温（℃）	耐寒/耐热温度（℃）	适宜地区
葡萄风信子	0.2	0.05	3～4	15～18	耐寒-10，耐热30	全国均能栽种
番红花	0.1～0.2	0.05	2～3	10～20	耐寒-18，耐热20	全国均能栽种
雪片莲	0.4～0.5	0.2	3～4	15～25	耐寒-20，耐热30	全国均能栽种
花葱	0.6	0.25	4～5	15～25	耐寒-10，耐热30	北方地区、中部地区
玉米百合	0.45～0.6	0.05	5～6	12～18	耐寒-10，耐热30	全国均能栽种
银莲花	0.3～0.4	0.2	2～5	15～20	耐寒-8，耐热30	中部地区
蓝铃花	0.3	0.1	3	15～25	耐寒-15，耐热30	北方地区、中部地区
虎眼万年青	0.2～1	0.1	3	15～28	耐寒-5，耐热25	全国均能栽种
雪光花	0.15～0.3	0.1	3～4	15～28	耐寒-30，耐热20	北方地区、中部地区
花韭	0.15～0.2	0.1	3～4	15～28	耐寒-10，耐热30	全国均能栽种
中国水仙	0.2～0.45	0.2	1～2	10～15	耐寒-2，耐热15	全国均能栽种
洋水仙	0.2～0.5	0.1	3～4	10～28	耐寒-30，耐热30	全国均能栽种
小花葱	0.1～0.3	0.1	5～6	15～20	耐寒-10，耐热25	北方地区、中部地区
花贝母	0.2～0.3	0.2	4～5	7～20	耐寒-20，耐热25	高山冷凉气候地区
独尾草	0.6～1.2	0.15～0.3	6	10～20	耐寒-5，耐热30	甘肃南部（岷县、舟曲、武都）、四川西部（松潘、小金、凉山）、云南西北部（中甸）和西藏
围裙水仙	0.1～0.15	0.05	2～3	15～25	耐寒-10，耐热30	全国均能栽种
文殊伞百合	0.6	0.2～0.4	5～10	15～25	耐寒-8，耐热35	全国均能栽种
垂筒花	0.2～0.3	0.2～0.3	11～4	15～25	耐寒0，耐热35	全国均能栽种

附　录

西伯利亚鸢尾　　水生美人蕉　　木贼　　梭鱼草

纸莎草　　水生马蹄莲　　水蜡烛　　千屈菜

花叶芦竹　　旱伞草　　水芋　　再力花

铜钱草　　红蓼　　菖蒲　　睡莲

水白菜　　◀水生植物　　多年生草花▶　　姬小菊　　黄金菊

跟着海妈学种花

水生植物

品种名	成株株高（m）	成株冠幅（m）	主花期（月）	适宜生长气温（℃）	耐寒/耐寒温度（℃）	适宜地区
西伯利亚鸢尾	0.4～0.6	0.4	4～5	25～30	耐寒-10，耐热40	北方地区、中部地区
水生美人蕉	1.5～2	0.5～1	6～10	15～30	耐寒-8，耐热40	全国均能栽种
木贼	0.8	0.2～0.5	观叶	17～37	耐寒0，耐热40	黑龙江、吉林、辽宁、河北、安徽、湖北、四川、贵州、云南、山西、陕西、甘肃、内蒙古、新疆、青海
梭鱼草	0.8	0.5～0.8	5～10	15～30	耐寒5，耐热40	华中、华南大部分地区
纸莎草	0.8～1.5	0.4～0.6	6～7	20～30	耐寒5，耐热40	华中、华南大部分地区
水生马蹄莲	0.6	0.2～0.5	3～4	15～20	耐寒5，耐热40	冀、陕、苏、川、闽、台、滇
水蜡烛	1.3～2	0.3～0.5	5～8	15～30	耐寒-9，耐热40	湖北、云南、四川、华东、河南、陕西、甘肃、青海、华北、东北
千屈菜	0.6～1	0.2～0.5	7～9	18～28	耐寒-5，耐热30	全国均能栽种
花叶芦竹	3～6	0.5～1	9～12	18～35	耐寒5，耐热40	南方地区
旱伞草	1.5	0.5～1	观叶	15～25	耐寒5，耐热40	全国均能栽种
水芋	1～1.5	0.4～1	观叶	20～25	耐寒10，耐热40	全国均能栽种
再力花	1～2.5	0.5	4～10	20～30	耐寒-5，耐热40	南方地区
铜钱草	0.2～0.4	视容器而定	观叶	10～25	耐寒-5，耐热40	全国均能栽种
红蓼	0.5～1	0.3～0.8	6～10	18～28	耐寒5，耐热40	除西藏外，广布于中国各地
菖蒲	0.4～1.2	0.3～0.6	观叶	20～25	耐寒5，耐热40	全国均能栽种
睡莲	0.4～1	0.6～1	4～10	15～35	耐寒5，耐热40	全国均能栽种
水白菜	0.2～0.4	0.2	观叶	15～30	耐寒5，耐热40	全国均能栽种

多年生草花

多年生草花没有做适宜地区划分，是因为不耐寒植物冬天在北方地区可以放进室内过冬，夏天可以通过适度修剪、扦插小苗和避雨方式在南方顺利度夏。本书数据仅供参考。

品种名	成株株高（m）	成株冠幅（m）	主花期（月）	适宜生长气温（℃）	耐寒/耐热温度（℃）	适宜地区
姬小菊	0.1～0.2	0.2～0.4	4～11	15～25	耐寒-5，耐热35	全国可种
黄金菊	0.4～0.8	0.5～1.2	3～11	15～26	耐寒0，耐热38	全国可种

玛格丽特　　　　小木槿　　　　蓝雪花　　　　矾根

直立天竺葵　　　垂吊天竺葵　　天使之眼天竺葵　大花天竺葵

美女樱　　　　　非洲菊　　　　香雪球　　　　铁筷子

筋骨草　　　　　薰衣草　　　　石竹　　　　◀多年生草花

毛地黄　　　　　飞燕草　　　　金鱼草　　　一二年生草花▼　缕斗菜

品种名	成株株高（m）	成株冠幅（m）	主花期（月）	适宜生长气温（℃）	耐寒/耐热温度（℃）	适宜地区
玛格丽特	0.8	0.3～1.5	3～5	10～25	耐寒5，耐热35	全国可种
小木槿	1	0.8～1.2	3～5	15～25	耐寒0，耐热35	全国可种
蓝雪花	1～3	1	4～12	10～25	耐寒5，耐热40	全国可种
矾根	0.2～0.4	0.2～0.25	4～6	10～30	耐寒-10，耐热30	全国可种
直立天竺葵	0.3～0.8	0.2～0.3	3～12	10～30	耐寒5，耐热35	全国可种
垂吊天竺葵	0.4～0.6	0.3～0.5	3～12	10～30	耐寒5，耐热35	全国可种
天使之眼天竺葵	0.3	0.3～0.6	3～5	15～25	耐寒-5，耐热30	全国可种
大花天竺葵	0.4～0.6	0.6～0.8	3～5	15～25	耐寒-5，耐热30	全国可种
美女樱	0.2～0.3	0.6～0.8	3～8	15～30	耐寒-5，耐热35	全国可种
非洲菊	0.25～0.4	0.2～0.3	全年	20～25	耐寒0，耐热30	全国可种
香雪球	0.1～0.2	0.3～0.4	全年	10～30	耐寒-5，耐热30	全国可种
铁筷子	0.3～0.4	0.2～0.3	翌年	10～30	耐寒-10，耐热35	全国可种
筋骨草	0.1～0.2	0.3～0.45	3～5	10～30	耐寒-20，耐热35	北方、中部地区均可栽种
薰衣草	0.3～0.45	0.3	4～6	15～30	耐寒-10，耐热30	全国可种
石竹	0.3～0.6	0.25～0.3	翌年	15～20	耐寒-8，耐热35	全国可种

一二年生草花

在当地气候条件下找到适合栽种的时机，就全国可栽种了。例如在北方，早春栽种冬季草花，就没有越冬冻害风险。本书数据仅供参考。

品种名	成株株高（m）	成株冠幅（m）	主花期（月）	适宜生长气温（℃）	耐寒/耐热温度（℃）	适宜地区
毛地黄	0.6～1.2	0.3	3～5	10～30	耐寒-18，耐热35	全国可种
飞燕草	0.6～1.2	0.3	翌年	10～30	耐寒-18，耐热35	全国可种
金鱼草	0.4～0.6	0.2～0.35	1～6	16～26	耐寒-5，耐热35	全国可种
耧斗菜	0.3～0.4	0.3～0.35	3～5	5～30	耐寒-5，耐热35	全国可种

海石竹	报春	同瓣草	虎耳草
金盏花	雏菊	白晶菊	二月兰
鬼针草	堆心菊	柳叶马鞭草	向日葵
秋海棠	六倍利	舞春花	矮牵牛
太阳花	彩叶草	彩叶薯	天人菊

跟着海妈学种花

续表

品种名	成株株高（m）	成株冠幅（m）	主花期（月）	适宜生长气温（℃）	耐寒/耐热温度（℃）	适宜地区
海石竹	0.15～0.2	0.2	2～4	15～25	耐寒-8，耐热30	全国可种
报春	0.1～0.2	0.15	1～4	5～20	耐寒-8，耐热30	全国可种
同瓣草	0.1～0.3	0.25	4～6	22～30	耐寒-5，耐热30	北方、中部地区均可栽种
虎耳草	0.1～0.2	0.2	3～5	18～30	耐寒0，耐热35	全国可种
金盏花	0.2～0.6	0.3	翌年	0～20	耐寒-5，耐热30	全国可种
雏菊	0.1～0.2	0.15	2～4	5～20	耐寒-5，耐热30	全国可种
白晶菊	0.15～0.3	0.6	翌年	5～22	耐寒-5，耐热30	全国可种
二月兰	0.6	0.3	3～4	10～25	耐寒-5，耐热30	北方、中部地区均可栽种
鬼针草	0.3	0.2～0.5	4～8	20～30	耐寒5，耐热35	全国可种
堆心菊	0.3～0.35	0.3	4～12	19～30	耐寒5，耐热35	全国可种
柳叶马鞭草	1～1.5	0.25	4～9	15～30	耐寒-5，耐热40	全国可种
向日葵	0.8～1.2	0.4	6～9	20～30	耐寒10，耐热40	全国可种
秋海棠	0.4～0.6	0.4	全年	15～30	耐寒10，耐热30	全国可种
六倍利	0.1～0.2	0.4	3～5	15～30	耐寒5，耐热30	全国可种
舞春花	0.15～0.2	0.4～0.6	2～5	15～30	耐寒5，耐热30	全国可种
矮牵牛	0.3	0.4～0.6	4～11	15～35	耐寒5，耐热35	全国可种
太阳花	0.15	0.3	6～11	20～35	耐寒10，耐热40	全国可种
彩叶草	0.6	0.8	观叶	15～30	耐寒10，耐热40	全国可种
彩叶薯	1.5	0.5～1	观叶	20～28	耐寒10，耐热40	全国可种
天人菊	0.3～0.4	0.3	6～8	15～25	耐寒10，耐热40	全国可种

硫华菊　　　　波斯菊　　　　百日草　　　　长春花

黑眼苏珊　　　　茑萝　　　　土人参

千日红　　　　麦秆菊　　　　藿香蓟　　　　夏堇

南非万寿菊　　　　孔雀花　　　　银叶菊

虞美人　　　　角堇　　　　勋章菊

跟着海妈学种花

品种名	成株株高（m）	成株冠幅（m）	主花期（月）	适宜生长气温（℃）	耐寒/耐热温度（℃）	适宜地区
硫华菊	0.4～0.6	0.2～0.3	5～8	15～35	耐寒15，耐热40	全国可种
波斯菊	0.8～1.5	0.4	5～10	15～35	耐寒15，耐热40	全国可种
百日草	0.8～1	0.4	5～10	12～35	耐寒15，耐热40	全国可种
长春花	0.4	0.4	5～11	15～35	耐寒10，耐热40	全国可种
黑眼苏珊	1.8～2	0.4	5～10	22～28	耐寒10，耐热40	全国可种
茑萝	2～5	1～1.5	5～10	15～25	耐寒10，耐热40	全国可种
土人参	0.3	0.2～0.3	5～8	25～35	耐寒-5，耐热40	全国可种
千日红	0.2～0.6	0.2	5～10	15～25	耐寒10，耐热40	全国可种
麦秆菊	0.4	0.25～0.4	5～8	15～35	耐寒10，耐热35	全国可种
藿香蓟	0.6～0.8	0.6	全年	15～25	耐寒5，耐热35	全国可种
夏堇	0.15～0.2	0.15～0.2	7～10	15～30	耐寒15，耐热35	全国可种
南非万寿菊	0.2～0.3	0.3	5～10	15～30	耐寒15，耐热35	全国可种
孔雀花	0.3～0.8	0.2～0.3	5～10	20～30	耐寒15，耐热35	全国可种
银叶菊	0.6	0.3	3～6	20～25	耐寒-5，耐热35	全国可种
虞美人	0.4～0.6	0.3	1～5	5～25	耐寒-8，耐热30	全国可种
角堇	0.1～0.2	0.2～0.3	翌年	10～25	耐寒-8，耐热30	全国可种
勋章菊	0.1～0.2	0.2	1～5	10～25	耐寒-5，耐热30	全国可种

附　录

紫藤　　爬山虎　　铁线莲　　凌霄

风车茉莉　　常春藤　　金银花

灯笼花　　三角梅

◀攀缘植物

室内植物▼

飘香藤　　使君子　　牵牛花

堇兰　　石斛兰'暗香'　　香水文心兰　　蝴蝶兰

跟着海妈学种花

攀缘植物

品种名	成株株高（m）	成株冠幅（m）	主花期（月）	适宜生长气温（℃）	耐寒 / 耐热温度（℃）	适宜地区
紫藤	8～10	依牵引而定	4～5	15～35	耐寒 -18，耐热 35	全国可种
爬山虎	依牵引而定	依牵引而定	观叶	20～25	耐寒 -20，耐热 35	全国可种
铁线莲	1.5～3	依牵引而定	3～10	15～25	耐寒 -30，耐热 35	全国可种
凌霄	4～6	依牵引而定	5～9	18～28	耐寒 -20，耐热 35	全国可种
风车茉莉	9	依牵引而定	4～6	22～30	耐寒 -10，耐热 35	全国可种
常春藤	1.5	依牵引而定	观叶	15～25	耐寒 0，耐热 35	全国可种
金银花	2～5	依牵引而定	5～9	20～30	耐寒 -18，耐热 35	全国可种
飘香藤	1～2.5	依牵引而定	5～11	20～30	耐寒 10，耐热 35	全国可种
灯笼花	0.5～2	1	多季节重复开花	12～30	耐寒 0，耐热 35	全国可种
三角梅	依牵引而定	依牵引而定	4～11	15～30	耐寒 5，耐热 35	全国可种
使君子	2.5～8	依牵引而定	6～9	20～30	耐寒 5，耐热 35	全国可种
牵牛花	2～3	依牵引而定	6～11	15～30	耐寒 5，耐热 35	全国可种

室内植物

品种名	成株株高（m）	成株冠幅（m）	主花期（月）	适宜生长气温（℃）	耐寒 / 耐热温度（℃）	适宜地区
蕙兰	0.15～0.2	0.15～0.25	春秋两季，温度合适可全年开	白天 24，夜间 16	耐寒 10，耐热 30	全国可种
石斛兰 '暗香'	0.1～0.6	0.15～0.25	10～12	18～30	耐寒 10，耐热 30	全国可种
香水文心兰	0.2～0.3	0.15～0.25	10～12	15～30	耐寒 10，耐热 30	全国可种
蝴蝶兰	0.3～0.5	0.2～0.3	管理得当，全年开放	15～25	耐寒 10，耐热 30	全国可种

球兰　　　　　长寿花　　　　　（观叶）秋海棠　　　　　仙客来

红掌　　　　　白掌　　　　　昙花（小叶）　　　　　宝莲灯

观叶天堂鸟　　　　　琴叶榕　　　　　爱心榕　　　　　绿萝

龟背竹　　　　　'黑天鹅'海芋　　　　　橡皮树　　　　　'粉龙'海芋

鸟巢蕨　　　　　鹿角蕨　　　　　卷叶吊兰　　　　　铂金钻

跟着海妈学种花

续表

品种名	成株株高（m）	成株冠幅（m）	主花期（月）	适宜生长气温（℃）	耐寒/耐热温度（℃）	适宜地区
球兰	枝条长达2	0.4	4～11	15～20	耐寒5，耐热35	全国可种
长寿花	0.1～0.4	0.1～0.3	2～8	20～25	耐寒5，耐热35	全国可种
（观叶）秋海棠	0.4～0.6	0.2～0.4	观叶	18～25	耐寒5，耐热35	全国可种
仙客来	0.15～0.2	0.15～0.2	10～5	15～20	耐寒10，耐热30	全国可种
红掌	0.4～0.6	0.3	全年开花	26～32	耐寒10，耐热35	全国可种
白掌	0.4～1	0.15～0.3	5～8	20～28	耐寒10，耐热35	全国可种
昙花（小叶）	0.4～1	0.4	5～11	15～25	耐寒5，耐热40	全国可种
宝莲灯	0.4～0.6	0.5～0.8	2～8	18～26	耐寒12，耐热30	全国可种
观叶天堂鸟	2	0.8	全年观叶	20～28	耐寒-5，耐热40	全国可种
琴叶榕	1～2	1	全年观叶	18～24	耐寒10，耐热35	全国可种
爱心榕	3	0.5～1	全年观叶	20～35	耐寒5，耐热35	全国可种
绿萝	依牵引而定	依牵引而定	全年观叶	20～30	耐寒10，耐热40	全国可种
龟背竹	1.2～1.5	依牵引而定	全年观叶	20～25	耐寒5，耐热35	全国可种
'黑天鹅'海芋	0.2～0.4	0.2	全年观叶	15～28	耐寒15，耐热30	全国可种
橡皮树	3	0.6～2	全年观叶	18～28	耐寒-5，耐热35	全国可种
'粉龙'海芋	0.4～0.6	0.4	全年观叶	15～28	耐寒10，耐热30	全国可种
鸟巢蕨	0.8～1	0.4	全年观叶	18～28	耐寒5，耐热35	全国可种
鹿角蕨	0.4	0.3	全年观叶	20～28	耐寒5，耐热35	全国可种
卷叶吊兰	0.2～0.3	0.1～0.2	全年观叶	20～28	耐寒10，耐热35	全国可种
铂金钻	0.4	0.25	全年观叶	15～35	耐寒0，耐热35	全国可种

附　录

'超微' '绿冰' '甜蜜马车' '躲躲藏藏'

'天荷' '粉多多' '雪月' '黄微月'

▲微型月季
——小花微月

微型月季
——大花微月▶

'果汁阳台' '金丝雀' '铃之妖精'

'贝壳' '幸福之门'

'芳香宝石' '奶油龙沙' '杏色露台' '京'

跟着海妈学种花

微型月季——小花微月

品种名	成株株高（m）	成株冠幅（m）	主花期（月）	适宜生长气温（℃）	耐寒/耐热温度（℃）	适宜地区
'超微'	0.5	0.3～0.5	3～12	15～30	耐寒 -20，耐热 38	全国可种
'绿冰'	0.6	0.3～0.5	3～12	15～30	耐寒 -20，耐热 38	全国可种
'甜蜜马车'	0.8	0.3～0.5	3～12	15～30	耐寒 -20，耐热 38	全国可种
'躲躲藏藏'	0.4	0.3～0.5	3～12	15～30	耐寒 -20，耐热 38	全国可种
'天荷'	0.4	0.3～0.5	3～12	15～30	耐寒 -20，耐热 38	全国可种
'粉多多'	0.8	0.3～0.5	3～12	15～30	耐寒 -20，耐热 38	全国可种
'雪月'	0.2	0.3	3～12	15～30	耐寒 -20，耐热 38	全国可种
'黄微月'	0.5	0.5	3～12	15～30	耐寒 -20，耐热 38	全国可种

微型月季——大花微月

品种名	成株株高（m）	成株冠幅（m）	主花期（月）	适宜生长气温（℃）	耐寒/耐热温度（℃）	适宜地区
'果汁阳台'	0.8	0.6	3～12	15～30	耐寒 -20，耐热 38	全国可种
'金丝雀'	0.8	0.6	4～9	15～30	耐寒 -20，耐热 38	全国可种
'铃之妖精'	0.6	0.4	3～12	15～30	耐寒 -20，耐热 38	全国可种
'贝壳'	0.4	0.4	3～12	15～30	耐寒 -20，耐热 38	全国可种
'幸福之门'	0.5	0.5	3～12	15～30	耐寒 -20，耐热 38	全国可种
'芳香宝石'	0.6	0.5	3～12	15～30	耐寒 -20，耐热 38	全国可种
'奶油龙沙'	0.8	0.4	3～12	15～30	耐寒 -20，耐热 38	全国可种
'杏色露台'	0.4	0.4	3～12	15～30	耐寒 -20，耐热 38	全国可种
'京'	1	0.6	3～12	15～30	耐寒 -20，耐热 38	全国可种

'直立冰山'　'格拉米斯城堡'　'加百列大天使'　'杰奎琳杜普雷'

'银禧庆典'　'圣埃泽布加'　'草莓杏仁饼'　'波提雪莉'

'羽毛'　'珊瑚果冻'　'悠悠'　'瑞典女王'

'人间天堂'　'切花朱丽叶'　'美妙绝伦'　'龙舌兰酒'

'黄爱玫'　'卡特道尔'　'卡特琳娜'　'真宙'

跟着海妈学种花

直立月季——白色系

品种名	成株株高（m）	成株冠幅（m）	主花期（月）	适宜生长气温（℃）	耐寒/耐热温度（℃）	适宜地区
'直立冰山'	3	1.2	3～12	15～30	耐寒-20，耐热30	全国可种
'格拉米斯城堡'	1.2	0.6	3～12	15～30	耐寒-20，耐热30	全国可种
'加百列大天使'	0.8	0.4	3～12	15～30	耐寒-20，耐热30	全国可种
'杰奎琳杜普雷'	0.8	0.8	3～12	15～30	耐寒-20，耐热30	全国可种

直立月季——粉色系

品种名	成株株高（m）	成株冠幅（m）	主花期（月）	适宜生长气温（℃）	耐寒/耐热温度（℃）	适宜地区
'银禧庆典'	0.8	0.8	3～12	15～30	耐寒-20，耐热30	全国可种
'圣埃泽布加'	1.2	0.8	3～12	15～30	耐寒-20，耐热30	全国可种
'草莓杏仁饼'	1.2	0.8	3～12	15～30	耐寒-20，耐热30	全国可种
'波提雪莉'	1.5	1.2	3～12	15～30	耐寒-20，耐热30	全国可种
'羽毛'	1.2	0.6	3～12	15～30	耐寒-20，耐热30	全国可种
'珊瑚果冻'	1.2	0.8	3～12	15～30	耐寒-20，耐热30	全国可种
'悠悠'	1	0.6	3～12	15～30	耐寒-20，耐热30	全国可种
'瑞典女王'	1.5	0.6	3～12	15～30	耐寒-20，耐热30	全国可种
'人间天堂'	0.8	0.6	3～12	15～30	耐寒-20，耐热30	全国可种

直立月季——黄色系

品种名	成株株高（m）	成株冠幅（m）	主花期（月）	适宜生长气温（℃）	耐寒/耐热温度（℃）	适宜地区
'切花朱丽叶'	1.2	0.6	3～12	15～30	耐寒-20，耐热30	全国可种
'美妙绝伦'	0.9	0.4	3～12	15～30	耐寒-20，耐热30	全国可种
'龙舌兰酒'	2	1.2	3～12	15～30	耐寒-20，耐热30	全国可种
'黄爱玫'	0.8	0.6	3～12	15～30	耐寒-20，耐热30	全国可种
'卡特道尔'	1.2	0.6	3～12	15～30	耐寒-20，耐热30	全国可种
'卡特琳娜'	1.2	0.6	3～12	15～30	耐寒-20，耐热30	全国可种
'真宙'	1.2	0.6	3～12	15～30	耐寒-20，耐热30	全国可种

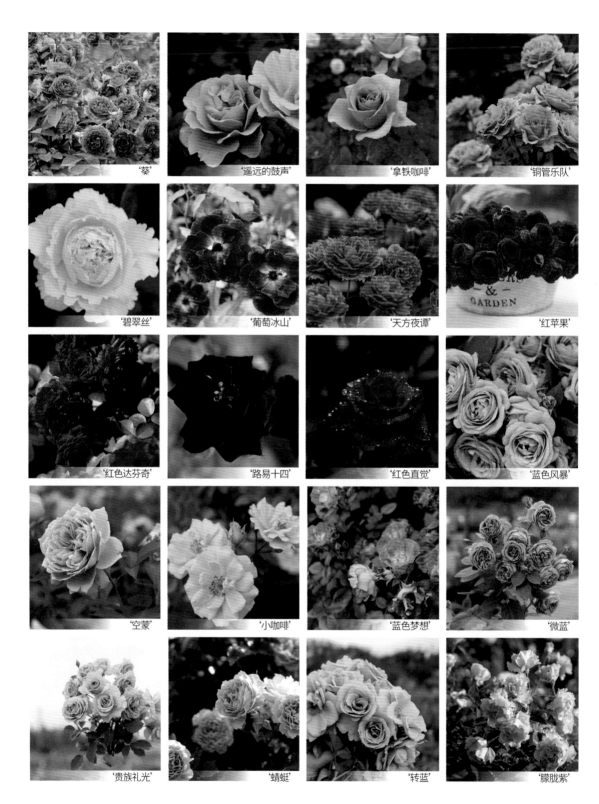

'葵'　　　'遥远的鼓声'　　　'拿铁咖啡'　　　'铜管乐队'

'碧翠丝'　　　'葡萄冰山'　　　'天方夜谭'　　　'红苹果'

'红色达芬奇'　　　'路易十四'　　　'红色直觉'　　　'蓝色风暴'

'空蒙'　　　'小咖啡'　　　'蓝色梦想'　　　'微蓝'

'贵族礼光'　　　'蜻蜓'　　　'转蓝'　　　'朦胧紫'

直立月季——复古色

品种名	成株株高（m）	成株冠幅（m）	主花期（月）	适宜生长气温（℃）	耐寒/耐热温度（℃）	适宜地区
'葵'	0.8	0.6	3～12	15～30	耐寒-20，耐热35	全国可种
'遥远的鼓声'	0.8	0.6	3～12	15～30	耐寒-20，耐热35	全国可种
'拿铁咖啡'	0.8	0.6	3～12	15～30	耐寒-20，耐热35	全国可种
'铜管乐队'	0.9	0.6	3～12	15～30	耐寒-20，耐热35	全国可种
'碧翠丝'	1.2	0.6	3～12	15～30	耐寒-20，耐热35	全国可种
'葡萄冰山'	1.5	0.8	3～12	15～30	耐寒-20，耐热35	全国可种

直立月季——红色系

品种名	成株株高（m）	成株冠幅（m）	主花期（月）	适宜生长气温（℃）	耐寒/耐热温度（℃）	适宜地区
'天方夜谭'	0.8	0.6	3～12	15～30	耐寒-20，耐热35	全国可种
'红苹果'	0.6	0.4	3～12	15～30	耐寒-20，耐热35	全国可种
'红色达芬奇'	1.5	1	3～12	15～30	耐寒-20，耐热35	全国可种
'路易十四'	0.8	0.4	3～12	15～30	耐寒-20，耐热35	全国可种
'红色直觉'	1	0.4	3～12	15～30	耐寒-20，耐热35	全国可种

直立月季——蓝色系

品种名	成株株高（m）	成株冠幅（m）	主花期（月）	适宜生长气温（℃）	耐寒/耐热温度（℃）	适宜地区
'蓝色风暴'	1.2	0.6	3～12	15～30	耐寒-20，耐热35	全国可种
'空蒙'	0.9	0.6	3～12	15～30	耐寒-20，耐热35	全国可种
'小咖啡'	0.8	0.6	3～12	15～30	耐寒-20，耐热35	全国可种
'蓝色梦想'	0.8	0.6	3～12	15～30	耐寒-20，耐热35	全国可种

直立月季——紫色系

品种名	成株株高（m）	成株冠幅（m）	主花期（月）	适宜生长气温（℃）	耐寒/耐热温度（℃）	适宜地区
'微蓝'	1.5	0.6	3～12	15～30	耐寒-20，耐热35	全国可种
'贵族礼光'	1	0.6	3～12	15～30	耐寒-20，耐热35	全国可种
'蜻蜓'	0.8	0.4	3～12	15～30	耐寒-20，耐热35	全国可种
'转蓝'	0.6	0.4	3～12	15～30	耐寒-20，耐热35	全国可种
'朦胧紫'	0.8	0.6	3～12	15～30	耐寒-20，耐热35	全国可种

'莫奈'　　　　'埃德加德加'　　　　'希思黎'　　　　'格里马尔迪'

'苹果挞'　　　　'肯特公主'　　　　'火热巧克力'　　　　'红双喜'

'蝴蝶月季'　　　　'你的眼睛'　　　　'灌木小伊甸园'

◀直立月季

藤本月季▶

'蓝色阴雨'　　　　'小蜜蜂'　　　　'亚伯拉罕'　　　　'艾拉绒球'

'娜荷玛'　　　　'粉色达芬奇'

'胭脂扣'　　　　'蜂蜜焦糖'　　　　'印象派'　　　　'遮阳伞'

直立月季——条纹系

品种名	成株株高 （m）	成株冠幅 （m）	主花期 （月）	适宜生长气温 （℃）	耐寒/耐热温度（℃）	适宜地区
'莫奈'	0.8	0.6	3～12	15～30	耐寒 -20，耐热 30	全国可种
'埃德加德加'	1	0.8	3～12	15～30	耐寒 -20，耐热 30	全国可种
'希思黎'	0.6	0.4	3～12	15～30	耐寒 -20，耐热 30	全国可种
'格里马尔迪'	1	0.6	3～12	15～30	耐寒 -20，耐热 30	全国可种
'苹果挞'	0.5	0.4	3～12	15～30	耐寒 -20，耐热 30	全国可种

直立月季——庭院型

品种名	成株株高 （m）	成株冠幅 （m）	主花期 （月）	适宜生长气温 （℃）	耐寒/耐热温度 （℃）	适宜地区
'肯特公主'	1.2	1	3～12	15～30	耐寒 -20，耐热 30	全国可种
'火热巧克力'	1.4	0.7	3～12	15～30	耐寒 -20，耐热 30	全国可种
'红双喜'	0.8	0.6	3～12	15～30	耐寒 -20，耐热 30	全国可种
'蝴蝶月季'	3	1.5	3～12	15～30	耐寒 -20，耐热 30	全国可种
'你的眼睛'	0.8	0.6	3～12	15～30	耐寒 -20，耐热 30	全国可种
'灌木小伊甸园'	0.8	0.6	3～12	15～30	耐寒 -20，耐热 30	全国可种

藤本月季——矮爬藤

品种名	成株株高 （m）	成株冠幅 （m）	主花期 （月）	适宜生长气温 （℃）	耐寒/耐热温度 （℃）	适宜地区
'蓝色阴雨'	1.5～2	依牵引而定	4～5	15～30	耐寒 -20，耐热 30	全国可种
'小蜜蜂'	1.6	依牵引而定	4～5	15～30	耐寒 -20，耐热 30	全国可种
'亚伯拉罕'	1.8	依牵引而定	4～5，夏季开花， 初夏花量最大	15～30	耐寒 -20，耐热 30	全国可种
'艾拉绒球'	1.8	依牵引而定	4～5	15～30	耐寒 -20，耐热 30	全国可种
'娜荷玛'	4	依牵引而定	4～5	15～30	耐寒 -20，耐热 30	全国可种
'粉色达芬奇'	1.8	依牵引而定	4～5	15～30	耐寒 -20，耐热 30	全国可种
'胭脂扣'	3	依牵引而定	4～5	15～30	耐寒 -20，耐热 30	全国可种
'蜂蜜焦糖'	2	依牵引而定	4～5	15～30	耐寒 -20，耐热 30	全国可种
'印象派'	2	依牵引而定	4～5	15～30	耐寒 -20，耐热 30	全国可种
'遮阳伞'	4	依牵引而定	4～5	15～30	耐寒 -20，耐热 30	全国可种

'舍农索城堡的女人们' '弗洛伦蒂娜' '黄金庆典' '欢迎'

'夏洛特夫人' '蓝色紫罗兰' '马文山' '独立日'

'藤本冰山' '藤本浪漫宝贝' '大游行' '玛格丽特王妃'

'苹果花' '慷慨的园丁' '粉色龙沙宝石' '瓦里提'

'白色龙沙宝石' '红色龙沙宝石'

藤本月季——长枝拱门型

品种名	成株株高（m）	成株冠幅	主花期（月）	适宜生长气温（℃）	耐寒/耐热温度（℃）	适宜地区
'舍农索城堡的女人们'	3	依牵引而定	4～5，多季开花	15～30	耐寒-20，耐热35	全国可种
'弗洛伦蒂娜'	3	依牵引而定	4～5，多季开花	15～30	耐寒-20，耐热35	全国可种
'黄金庆典'	3	依牵引而定	4～5，多季开花	15～30	耐寒-20，耐热35	全国可种
'欢迎'	3	依牵引而定	4～5，多季开花	15～30	耐寒-20，耐热35	全国可种
'夏洛特夫人'	3	依牵引而定	4～5，多季开花	15～30	耐寒-20，耐热35	全国可种
'蓝色紫罗兰'	4	依牵引而定	4～5	15～30	耐寒-20，耐热35	全国可种
'马文山'	4	依牵引而定	4～5，多季开花	15～30	耐寒-20，耐热35	全国可种
'独立日'	3	依牵引而定	4～5，多季开花	15～30	耐寒-20，耐热35	全国可种
'藤本冰山'	6	依牵引而定	4～5，多季开花	15～30	耐寒-20，耐热35	全国可种
'藤本浪漫宝贝'	6	依牵引而定	4～5，多季开花	15～30	耐寒-20，耐热35	全国可种
'大游行'	6	依牵引而定	4～5，多季开花	15～30	耐寒-20，耐热35	全国可种
'玛格丽特王妃'	6	依牵引而定	4～5，持续开花	15～30	耐寒-20，耐热35	全国可种
'苹果花'	6	依牵引而定	4～5	15～30	耐寒-20，耐热35	全国可种
'慷慨的园丁'	3	依牵引而定	4～5，多季开花	15～30	耐寒-20，耐热35	全国可种
'白色龙沙宝石'	6	依牵引而定	4～5，多季开花	15～30	耐寒-20，耐热35	全国可种
'红色龙沙宝石'	3	依牵引而定	4～5，持续开花	15～30	耐寒-20，耐热35	全国可种
'粉色龙沙宝石'	6	依牵引而定	4～5，持续开花	15～30	耐寒-20，耐热35	全国可种
'瓦里提'	6	依牵引而定	4～5，多季开花	15～30	耐寒-20，耐热35	全国可种

'无尽夏'　'无尽夏新娘'　'爱沙'　'薄荷拇指'

'爆米花'　'卑弥呼'　'博登湖'　'复古腔调'

'贵安'　'黑金刚白'　'黑金刚红'　'花手鞠'

'皇室褶皱'　'惠子小姐'　'婚礼花束'　'姬小町'

'佳澄'　'精灵'　'卡米拉'　'灵感'

绣球

绣球的新老枝开花性除了与品种相关，也和换盆时机、茎秆的粗细以及根系发达程度相关。

冠幅大小及高度与修剪强相关，本书数据仅供参考。

品种名	成株株高（m）	成株冠幅（m）	主花期（月）	适宜生长气温（℃）	耐寒/耐热温度（℃）	适宜地区	备注
'无尽夏'	0.9～1.5	1.5	5～11	15～30	耐寒0，耐热35	全国可种	新老枝多季重复开花
'无尽夏新娘'	0.9～1.5	1.5	5～11	15～30	耐寒0，耐热35	全国可种	新老枝多季重复开花
'爱莎'	1.5	1～1.5	4～7	15～30	耐寒0，耐热35	全国可种	新老枝开花
'薄荷拇指'	0.6～0.9	1	4～7	15～30	耐寒0，耐热35	全国可种	新老枝开花
'爆米花'	1.3	1	4～7	15～30	耐寒0，耐热35	全国可种	老枝开花
'卑弥呼'	1～1.5	1～1.5	4～7	15～30	耐寒0，耐热35	全国可种	老枝开花
'博登湖'	1	1	4～7	15～30	耐寒0，耐热35	全国可种	老枝开花
'复古腔调'	0.4～0.5	0.35～0.4	4～7	15～30	耐寒0，耐热35	全国可种	老枝开花
'贵安'	1	1～1.5	4～7	15～30	耐寒0，耐热35	全国可种	老枝开花
'黑金刚白'	0.6～1	0.6	4～7	15～30	耐寒0，耐热35	全国可种	老枝开花
'黑金刚红'	0.6～1	0.6	4～7	15～30	耐寒0，耐热35	全国可种	新老枝开花
'花手鞠'	1.5	1.5	4～7	15～30	耐寒0，耐热35	全国可种	新老枝开花
'皇室褶皱'	0.6～1	0.6	4～7	15～30	耐寒0，耐热35	全国可种	新老枝开花
'惠子小姐'	1.25	0.6	4～7	15～30	耐寒0，耐热35	全国可种	老枝开花
'婚礼花束'	0.6～1	0.6	4～7	15～30	耐寒0，耐热35	全国可种	新老枝开花
'姬小町'	0.6～0.8	1	4～7	15～30	耐寒0，耐热35	全国可种	新老枝开花
'佳澄'	1.25	1	4～7	15～30	耐寒0，耐热35	全国可种	老枝开花
'精灵'	0.8	0.6	4～7	15～30	耐寒0，耐热35	全国可种	老枝开花
'卡米拉'	1	1	4～7	15～30	耐寒0，耐热35	全国可种	老枝开花
'灵感'	1.5	1	4～7	15～30	耐寒0，耐热35	全国可种	新老枝开花

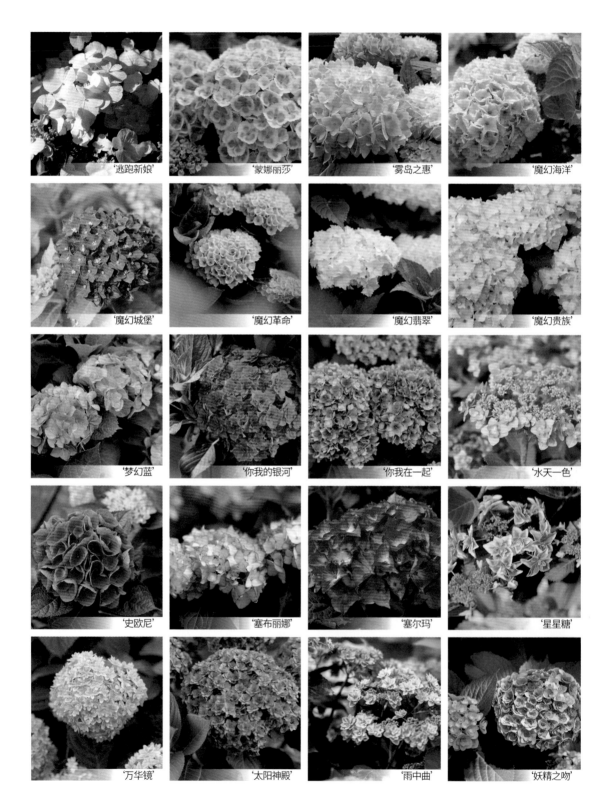

'逃跑新娘'　　　　'蒙娜丽莎'　　　　'雾岛之惠'　　　　'魔幻海洋'

'魔幻城堡'　　　　'魔幻革命'　　　　'魔幻翡翠'　　　　'魔幻贵族'

'梦幻蓝'　　　　'你我的银河'　　　　'你我在一起'　　　　'水天一色'

'史欧尼'　　　　'塞布丽娜'　　　　'塞尔玛'　　　　'星星糖'

'万华镜'　　　　'太阳神殿'　　　　'雨中曲'　　　　'妖精之吻'

跟着海妈学种花

品种名	成株株高（m）	成株冠幅（m）	主花期（月）	适宜生长气温（℃）	耐寒/耐热温度（℃）	适宜地区	备注
'逃跑新娘'	1.2	1	5～8	15～30	耐寒0，耐热35	全国可种	老枝开花
'蒙娜丽莎'	0.8～1.2	1	5～8	15～30	耐寒0，耐热35	全国可种	新老枝开花
'雾岛之惠'	0.8～1.2	1	5～8	15～30	耐寒0，耐热35	全国可种	新老枝开花
'魔幻海洋'	1.2	1.2	5～8	15～30	耐寒0，耐热35	全国可种	新老枝开花
'魔幻城堡'	0.6～1	1	5～8	15～30	耐寒0，耐热35	全国可种	新老枝开花
'魔幻革命'	1	1	5～8	15～30	耐寒0，耐热35	全国可种	新老枝开花
'魔幻翡翠'	0.8～1.2	1	5～8	15～30	耐寒0，耐热35	全国可种	老枝开花
'魔幻贵族'	1.2	1	5～8	15～30	耐寒0，耐热35	全国可种	老枝开花
'梦幻蓝'	0.4～0.8	0.6	5～8	15～30	耐寒0，耐热35	全国可种	老枝开花
'你我的银河'	0.8～1	1	5～8	15～30	耐寒0，耐热35	全国可种	新老枝开花
'你我在一起'	0.8～1.2	0.9	5～8	15～30	耐寒0，耐热35	全国可种	新老枝开花
'水天一色'	1.5	0.8	5～8	15～30	耐寒0，耐热35	全国可种	新老枝开花
'史欧尼'	0.6～0.8	0.6	5～8	15～30	耐寒0，耐热35	全国可种	老枝开花
'塞布丽娜'	0.6～1	0.9	5～8	15～30	耐寒0，耐热35	全国可种	老枝开花
'塞尔玛'	0.8～1	0.6	5～8	15～30	耐寒0，耐热35	全国可种	老枝开花
'星星糖'	1.25	0.75	5～8	15～30	耐寒0，耐热35	全国可种	新老枝开花
'万华镜'	0.6	0.8	5～8	15～30	耐寒0，耐热35	全国可种	新老枝开花
'太阳神殿'	1.25	1	5～8	15～30	耐寒0，耐热35	全国可种	新老枝开花
'雨中曲'	0.8～1.2	0.6	5～8	15～30	耐寒0，耐热35	全国可种	新老枝开花
'妖精之吻'	0.6～0.8	0.6	5～8	15～30	耐寒0，耐热35	全国可种	新老枝开花

'银边绣球'　'日本山绣球'　'贝拉安娜'　'无敌贝拉安娜'

'粉色贝拉安娜'　栎叶绣球 '雪花'　栎叶绣球 '芒奇金'　栎叶绣球 '和声'

品种名	成株株高（m）	成株冠幅（m）	主花期（月）	适宜生长气温（℃）	耐寒/耐热温度（℃）	适宜地区	备注
'银边绣球'	0.8～1.2	0.8	5～8	15～30	耐寒 0，耐热 35	全国可种	老枝开花
'日本山绣球'	0.6～0.9	0.6	5～8	15～30	耐寒 0，耐热 35	全国可种	老枝开花
'贝拉安娜'	1.2	0.6	6～9	15～26	耐寒 -30，耐热 35	北方和中部地区	新枝开花、可冬剪
'无敌贝拉安娜'	1.2	0.6	6～9	15～26	耐寒 -30，耐热 35	北方、中部地区均可栽种	新枝开花、可冬剪
'粉色贝拉安娜'	1.2	0.6	6～9	15～26	耐寒 -30，耐热 35	北方、中部地均可栽种	新枝开花、可冬剪
栎叶绣球 '雪花'	1～1.2	1	5～8	15～26	耐寒 -18，耐热 35	北方和中部地区	老枝开花
栎叶绣球 '芒奇金'	0.8	1	5～8	15～26	耐寒 -18，耐热 35	北方、中部地区均可栽种	老枝开花
栎叶绣球 '和声'	1～1.2	1	5～8	15～26	耐寒 -18，耐热 35	除两广福建，其余大部分地区均可栽种	老枝开花